補對

寶寶抵抗力強！
更專注！

20 鈣 Calcium

26 鐵 Iron

30 鋅 Zinc

前 言

現在寶寶對營養的要求非常高，父母要正確認識各種營養素在寶寶成長中的作用，為他做到膳食均衡，以利於他在身體、心理、智力等方面都能均衡發展。

由於小朋友現在面臨的課業壓力大，競爭激烈，因此需要聰明的頭腦、良好的體力和充沛的精力。這就給家長提出更高的要求，不僅要提供寶寶均衡的膳食，更要瞭解如何正確為寶寶補充營養。

家長忙著為寶寶補充營養，很容易被鋪天蓋地的保健品廣告迷了眼，往往白花了錢，還傷害寶寶的身體。尤其現在有些廠商為了賣產品，宣稱寶寶缺鈣、缺鐵、缺鋅。家長要對鈣鐵鋅這些礦物質有正確認知，弄清寶寶是否缺這些營養素，千萬不能亂補。

那麼，補充鈣鐵鋅，怎樣做才算是科學、安全、有效呢？

「工欲善其事，必先利其器」、「藥補不如食補」，只有清楚瞭解鈣、鐵、鋅缺乏的表現和補充技巧，才能為寶寶補對這些礦物質。

基於此，本書依據寶寶生理發育情況和營養需求，結合寶寶的飲食特點，精選出各種補鈣、補鐵、補鋅食材，並對每種食材的營養成分、補充原理、最佳搭配等進行介紹，另附上實用的營養提醒，讓家長不再煩惱：補充鈣鐵鋅應該吃什麼、怎麼吃、吃多少。

在寶寶成長的每個階段，家長都該為他烹製出集色、香、味於一體的美味佳餚，讓寶寶在簡單的一日三餐中輕鬆獲取充足的營養，為成長加分。

Part 1 開啟寶寶健康的鑰匙，從正確認識鈣開始

寶寶缺鈣、維他命 D 的信號　12

是什麼偷走了寶寶體內的鈣　14

這樣補鈣，寶寶從小不缺鈣　15

確定鈣的攝入量　15

缺多少補多少　15

不同階段的補鈣重點　17

需要加強補鈣的幾個時期　19

與補鈣有關的營養細節　20

寶寶曬太陽講究多　21

兒科營養師小課堂

瞭解晚了會留下遺憾　22

Part 2 食物補鈣，寶寶身體強壯長得高

補鈣明星食材　24

牛奶/促進骨骼發育　24

酸奶/鈣吸收率高　25

芝士/保持牙齒健康　26

黃花魚/鈣和維他命A的好來源　27

泥鰍/預防佝僂病　28

鱸魚/促進體內鈣吸收　29

蝦/補鈣和蛋白質　30

豆腐/增強骨骼　31

芝麻醬/補鈣健骨　32

海帶/預防缺鈣　33

紫菜/促進骨骼健康　34

小白菜/預防佝僂病　35

小棠菜/補鈣固齒　36

薺菜/促進骨骼發育　37

莧菜/促進骨骼生長　38

補鈣明星食譜　39

0~6個月哺乳媽媽補鈣食譜　39

花生牛奶	39
生滾魚片粥	39
冬筍黃花魚湯	40
三丁豆腐羹	41
淮山魚頭湯	41
木瓜鯽魚湯	42
魚頭海帶豆腐湯	43
6~9 個月寶寶補鈣食譜	44
米湯蛋黃糊	44
魚肉香糊	44
蔬菜米糊	45
蛋黃南瓜羹	46
蛋黃稠粥	46
紫菜蛋黃粥	47
小棠菜馬鈴薯粥	48
小棠菜蒸豆腐	48
燉魚蓉	49
蝦肉蓉	50
豆腐軟飯	50
9~12 個月寶寶補鈣食譜	51
海帶豆腐粥	51
雙色豆腐	51
魚肉薯蓉	52
冬菇蘋果豆腐羹	53
紅蘿蔔小魚粥	53
黑芝麻木瓜粥	54
鮮湯小餃子	54
花豆腐	55
1~2 歲寶寶補鈣食譜	56
小白菜丸子湯	56
蝦皮青瓜湯	56
日本豆腐蒸蝦仁	57
牛奶西蘭花	58
核桃花生牛奶羹	58
牛奶蒸蛋	59
牛奶小饅頭	60
魚肉羹	60
鮮蝦燒賣	61
雙色飯糰	62
海帶青瓜軟飯	62
蛋包飯	63
2~4 歲寶寶補鈣食譜	64
蛋黃豆腐羹	64
草菇燴豆腐	64
紫菜鱸魚卷	65
牛奶粟米湯	66
黃魚粥	66
蝦仁魚片燉豆腐	67
海帶木瓜百合湯	68
清蒸鯽魚	68
蓮蓬蝦蓉	69
黃魚餅	70
清蒸小黃魚	70
番茄魚蛋湯	71

牛奶枸杞銀耳羹 72

蝦皮腐竹 76

清蒸基圍蝦 73

水晶蝦仁 77

4~6 歲寶寶補鈣食譜 74

火龍果牛奶 78

海帶燒豆腐 74

奶香粟米餅 78

香乾肉絲 74

麻醬拌茄子 79

蝦皮雞蛋羹 75

海苔卷 80

銀魚燒豆腐 76

Part 3 正確認知鐵，
寶寶缺鐵不可怕

寶寶缺鐵的信號 82

與補鐵有關的營養細節 89

是什麼偷走了寶寶體內的鐵 84

促進鐵吸收的因素 89

這樣補鐵，寶寶從小不貧血 85

抑制鐵吸收的因素 90

確定鐵的攝入量 85

烹調方法有講究 91

缺多少補多少 85

兒科營養師小課堂

不同階段的補鐵重點 87

缺鐵性貧血如何食補 92

食物補鐵，
寶寶注意力集中，不貧血

補鐵明星食材　94
豬血/預防缺鐵性貧血　94
鴨血/補鐵　95
豬肝/補血，調節免疫力　96
雞肝/調節免疫力　97
牛瘦肉/調節免疫力　98
豬瘦肉/補充蛋白質和脂肪酸　99
雞蛋/健腦益智，保護肝臟　100
帶魚/養肝補血　101
黑芝麻/養血潤腸　102
紅豆/減少貧血的發生　103
紅棗/補鐵　104
木耳/補氣血，清腸胃　105
金菇/有利營養素吸收　106
桃子/益氣補血　107
櫻桃/補血　108
葡萄/預防缺鐵性貧血　109
補鐵明星食譜　110
0~6 個月哺乳媽媽補鐵食譜　110
燈籠椒炒牛肉片　110
豬肝菠菜粥　110
銀耳木瓜排骨湯　111
花生雞腳湯　112

紅棗龍眼粥　112
鴨血木耳湯　113
紅棗黨參牛肉湯　114
雙耳羹　114
花生紅棗雞湯　115
6~9 個月寶寶補鐵食譜　116
牛肉湯米糊　116
瘦肉蓉　116
菠菜鴨肝蓉　117
蛋黃蓉　118
蛋黃薯蓉　118
豬肝蛋黃粥　119
9~12 個月寶寶補鐵食譜　120
牛肉蓉粥　120
番茄蓉豬肝　120
椰菜西蘭花糊　121
冬瓜球肉丸　122
肉末蛋羹　122
番茄蛋黃粥　123
雞肉木耳粥　124
菠菜瘦肉粥　124
紅棗核桃米糊　125

1~2 歲寶寶補鐵食譜	126	黑芝麻豆漿	135	
雞蛋餅	126	牛肉蘿蔔湯	136	
粟米肉丸	126	三黑粥	136	
溫拌雙蓉	127	鮮茄肝扒	137	
雞蛋炒萵筍	128	**4~6 歲寶寶補鐵食譜**	138	
紅棗蓮子粥	128	菠菜炒豬肝	138	
青瓜釀肉	129	雞血燉豆腐	138	
鵝肝蔬菜蓉	130	豬肉韭菜水餃	139	
菠菜豬血湯	130	馬鈴薯燒牛肉	140	
紅蘿蔔豬肝麵	131	鴨肝粥	140	
2~4 歲寶寶補鐵食譜	132	鴨血豆腐湯	141	
芹菜洋葱蛋花湯	132	豉香牛肉	142	
燕麥芝麻豆漿	132	木耳炒肉片	142	
牛肉蔬菜粥	133	蔬菜蛋包飯	143	
鴨血鯽魚湯	134	紅蘿蔔燴木耳	144	
龍眼紅棗豆漿	134	牛肉炒西蘭花	144	

Part 5 給寶寶科學補鋅，媽媽應該知道的事兒

寶寶缺鋅的信號	146	缺多少補多少	149
是什麼偷走了寶寶體內的鋅	148	不同階段的補鋅重點	151
這樣補鋅，寶寶從小不缺鋅	149	**兒科營養師小課堂**	
確定鋅的攝入量	149	幾個補鋅謬誤，新手寶媽別中招	154

Part 6 食物補鋅，寶寶食慾好、眼睛亮、頭腦靈活

補鋅明星食材	156	補鋅明星食譜	176
蠔/補鋅首選	156	**0~6 個月哺乳媽媽補鋅食譜**	176
扇貝/增進食慾	157	鮮蠔豆腐湯	176
蜆/促進生殖器官正常發育	158	清燉鯽魚	176
鯉魚/健腦、明目	159	牛肉小米粥	177
鯽魚/維持味覺和食慾	160	花生燉豬蹄	178
雞肉/促進大腦發育	161	花生紅豆湯	178
小米/補鋅	162	三絲黃花湯	179
大米/增強抵抗力	163	冬菇紅蘿蔔麵	180
黃豆/促進皮膚傷口癒合	164	海鮮周打濃湯	180
綠豆/避免細菌感染	165	冬菇燉蒸雞	181
花生/促進智力發育	166	百合瑤柱蘑菇湯	182
松子/益智、明目、通便	167	雞絲豌豆湯	182
核桃/有利於智力發育	168	溜魚片	183
鴨蛋/補腦、明目	169	**6~9 個月寶寶補鋅食譜**	184
蘑菇/調節免疫力	170	西蘭花鱈魚蓉	184
菠菜/維持視力正常	171	菠菜雞肝蓉	184
韭菜/改善食慾不振	172	番茄鱫魚蓉	185
椰菜花/保持正常味覺	173	雞肉青菜粥	186
紅蘿蔔/有助於改善夜盲症	174	芋頭鯽魚蓉	186
蘋果/開胃促食	175	核桃燕麥米汁	187
		椰菜花雞肉糊	188

紅蘿蔔鱈魚粥	188	**2~4 歲寶寶補鈣食譜**	207
豆腐肉末粥	189	奶油菠菜	207
粟米綠豆米糊	190	奶油蝦仁	207
魚頭湯	190	雞肉丸子湯	208
南瓜鱸魚糊	191	鵪鶉蛋菠菜湯	209
9~12 個月寶寶補鋅食譜	192	香椿肉末豆腐	209
雞蓉湯	192	煙肉焗扇貝	210
雞湯餛飩	192	紅蘿蔔西芹雞肉粥	211
栗子蔬菜粥	193	茄汁黃豆	211
紅蘿蔔牛肉粥	194	清蒸蠔	212
黑芝麻小米粥	194	奶油蘑菇煙肉麵	213
蔬菜排骨湯麵	195	三文魚湯	213
魚肉青菜粥	196	蜜汁烤雞翼	214
雞絲粥	197	奶香蘑菇麵包	215
生菜蝦仁粥	197	粟米蘋果沙律	215
黃花菜瘦肉粥	198	肉釀蘑菇	216
1~2 歲寶寶補鋅食譜	199	**4~6 歲寶寶補鋅食譜**	217
紅蘿蔔雞蛋碎	199	鮮蠔南瓜羹	217
蝦仁椰菜花	199	揚州炒飯	217
瑤柱蒸蛋	200	羅勒蜆湯	218
蘑菇奶油燴小棠菜	201	三彩菠菜	219
肉末紅蘿蔔青瓜丁	201	板栗小棠菜炒冬菇	219
水果沙律	202	香煎鱈魚	220
雞肝小米粥	203	粉絲扇貝南瓜湯	221
木耳蒸鴨蛋	203	紅蘿蔔炒肉絲	221
魚肉豆芽粥	204	蒜煎蝦	222
雞蛋菠菜蓉	205	蝦仁淮山	222
韭菜炒鴨肝	205	鯽魚湯	223
南瓜黃豆粥	206	松子薯蓉	223

Part
1

開啟寶寶健康的鑰匙，
從正確認識鈣開始

寶寶缺鈣、維他命 D 的信號

　　嬰幼兒時期是人一生骨鈣積累的關鍵時期，寶寶缺鈣對生長發育的影響不容小覷。維他命D促進鈣吸收，所以出生數天後補充維他命D。那麼，寶寶缺鈣、維他命D了都有哪些信號呢？

白天煩躁不安，晚上不容易入睡，入睡後常突然驚醒，啼哭不止。

多汗，即使天氣不熱，也容易出汗，尤其是夜間啼哭後出汗更嚴重。

健康狀況不好，容易感冒。

前額高突，
形成方顱。

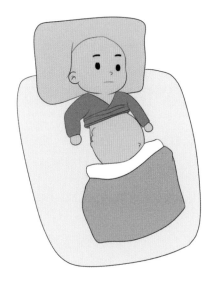

患串珠肋，會壓迫肺臟，
使寶寶通氣不暢，易患氣
管炎、肺炎。

陣發性抽筋，胸骨疼痛。

13

是什麼偷走了寶寶體內的鈣

寶寶正處於生長發育的黃金期，身體的每個器官都在迅速生長，體內的各項功能也正在不斷完善，對鈣的需求量也會逐漸增長。不過，有些飲食習慣容易讓寶寶體內的鈣流失。

● **飲食單一**
飲食搭配不合理，含鈣食品攝入過少，是引起缺鈣的重要原因之一。

● **鈣磷比例不合理**
很多寶寶喜歡喝碳酸飲料，而碳酸飲料含磷量高，導致鈣磷比例不合理，影響鈣吸收。

● **體內維他命 D 合成不足**
高層建築日益增多，寶寶接受陽光照射的機會越來越少，導致體內維他命D合成不足。維他命D可促進鈣吸收，其合成量減少，必然會引起鈣吸收減少。

● **一些疾病致使鈣流失**
腹瀉、肝炎、胃炎、嘔吐等病症會引起鈣吸收不良或鈣大量流失。

● **鈣儲備量不足**
如果媽媽在孕期缺鈣的話，就很容易導致寶寶的鈣儲備量不足，尤其是早產和多胎妊娠的情況。

這樣補鈣，寶寶從小不缺鈣

確定鈣的攝入量

年齡	每日鈣攝入量
0~6個月	200毫克
6個月~1歲	250毫克
1~4歲	600毫克
4~6歲	800毫克

注：以上數據參考《中國居民膳食指南（2016）》。

缺多少補多少

寶寶每天鈣的來源有母乳、配方奶、添加輔食後的強化米粉以及其他含鈣食物。

不同乳類含鈣的區別

乳類	含鈣量	吸收率
母乳	28±2毫克/100毫升（上海市區）	相對較高
配方奶	51~53毫克/100毫升	不如母乳高
牛奶	約104毫克/100毫升	1/3以游離態存在，直接就可以吸收，另外2/3的鈣結合在酪蛋白上，這部分鈣會隨著酪蛋白的消化而被釋放出來，也很容易吸收

注：以上數據參考《新生兒營養學》、《中國食物成分表》。

通過這些數據，大致可以算出寶寶的鈣攝入量為多少。在估計了從以上食物來源所攝入鈣量的基礎上，再看自家寶寶是否需要補鈣。

比如0~6月齡寶寶，一天需要200毫克的鈣，寶寶的鈣來源是純母乳，媽媽要合理哺乳才能滿足寶寶一天的需要。但由於嬰兒曬太陽少，缺乏維他命D，所以還需要在醫生指導下合理服用維他命D，以促進鈣的吸收。

1~4 歲的寶寶，每天需要 600 毫克的鈣，每天的鈣來源主要包括

配方奶
500毫升
約含250毫克鈣

牛奶1盒
250毫升
約含260毫克鈣

雞蛋1個
60克
約含34毫克鈣

小米
50克
約含20毫克鈣

黃花魚
30克
約含23毫克鈣

小棠菜
100克
約含153毫克鈣

萵筍
50克
約含12毫克鈣

補鈣要從鈣的攝入量、**吸收率**和沉積率三個方面來衡量。在寶寶消化吸收功能正常的前提下，一天曬30~60分鐘太陽，鈣的**吸收率**會增加70%，因此，每天保證以上食材的攝入，且1歲以上的寶寶晚上睡前1小時再喝一杯牛奶（≥60毫升），就能滿足一天的鈣需求了。

◦ 專家連線 ◦

如何合理補充鈣和維他命D

一般寶寶1歲前吃母乳或配方奶，1歲後可喝牛奶，每天500毫升牛奶加上食物中所攝取的鈣，就可滿足鈣的需求量。補鈣的同時應補充維他命D，以促進鈣吸收。2歲以上的寶寶，生長發育速度減緩，夏天多曬太陽、調理膳食即可。冬季出生的寶寶由於日照不足，容易缺乏維他命D，影響體內鈣的吸收和代謝，可在醫生指導下補充鈣劑和維他命D。

不同階段的補鈣重點

補充維他命 D

在嬰兒出生後要補充維他命D製劑，每日補充維他命D400國際單位，可在母乳餵養前將製劑定量滴入嬰兒口中。

堅持母乳餵養

母乳中鈣**吸收率**非常高，純母乳餵養的寶寶一般不會出現缺鈣的情況。正常足月的嬰兒出生後頭6個月不用額外補鈣，6個月後母乳中的營養不足以支持寶寶生長發育，需要及時給寶寶添加輔食。

因此，最好堅持母乳餵養，而哺乳期的媽媽必須補夠充足的鈣。

兒科營養醫師指導　　媽媽實踐操作 DIY

1 媽媽補鈣要充足
每日需攝入 1000 毫克的鈣

牛奶500克

酸奶
300克

大豆、豆腐、雞蛋、
綠色蔬菜各適量

補充維他命D或經常曬太陽
（隔玻璃窗曬太陽無效）

2 每日哺乳 8~12 次

特別
提醒

建議在陽光好、無風的
日子，到陽台、花園裡
曬曬太陽。

6 個月後及時添加輔食

對於7~12月齡嬰兒，堅持母乳餵養很重要。但寶寶所需要的部分鈣，以及大部分鐵、鋅等必須從添加的輔食中獲得。因此，嬰兒6月齡（滿180天）時要及時添加輔食。為了保證嬰兒攝入充足鈣，在保證母乳餵養的基礎上添加輔食。

兒科營養醫師指導　媽媽實踐操作 DIY

 7~9 月齡每日需補充

母乳量≥600毫升
母乳餵養不少於4次
輔食餵養1~2次

1個雞蛋

50克肉、魚

 10~12 月齡每日需補充

母乳量≈600毫升
母乳餵養3次
輔食餵養2~3次

穀物類適量

蔬菜水果適量

特別提醒 注意此時不宜給寶寶餵普通鮮奶及其製品，因這些乳製品很容易引發過敏，還會增加嬰幼兒腎臟負擔。

需要強調的是，6個月以後寶寶需要的鐵大部分來自輔食，因而嬰兒最先添加的輔食應該是富含鐵的高能量食物，如強化鐵的嬰兒米粉、肉蓉等。在此基礎上逐漸引入其他不同種類的食物，以提供充足的營養。

1~2 歲適當增加肉、魚攝入量，並嘗試乳製品

1~2歲幼兒的奶量應維持在每日500毫升，每天1個雞蛋，加50~75克肉、魚，每天50~100克穀物類，蔬菜、水果的量依幼兒需求量而定。不能母乳餵養或母乳不足時，建議以合適的幼兒配方奶作為補充，也可嘗試鮮牛奶、酸奶、芝士等，如果不過敏，可放心讓寶寶食用。

2 歲後補鈣應以食物為主

每天保證以下幾類食物的攝入，可以有效補鈣。

食物	2~3 歲	3~6 歲	推薦舉例	限制舉例
乳製品	500克	350~500克	液態奶、酸奶、芝士	乳飲料、含乳製品、冷凍甜品類食物（冰激淩、雪糕等）等
魚、肉類	50~70克	70~105克	鮮魚、畜禽肉	鹹魚、香腸、臘肉、魚肉罐頭等
大豆及其製品	25~50克	50克	豆腐乾、豆漿	燒烤類大豆製品
蔬菜	200~250克	250~300克	應季新鮮蔬菜	醃製蔬菜

需要加強補鈣的幾個時期

嬰幼兒時期

雙胞胎寶寶、早產兒或者生長過快的寶寶比其他寶寶更容易缺鈣，所以要注意補充維他命D，以促進鈣吸收。

成長關鍵期

對於生長較快的寶寶或處於長身體關鍵期的寶寶，在醫生指導下給他們合理補鈣是十分重要的。

生病階段

寶寶如果在生病階段，比如慢性腹瀉、急性腸胃炎、濕疹、呼吸道感染反復等，這些會影響鈣吸收，導致體內鈣流失，建議此時要考慮給寶寶補鈣（主要是食補）。

○─ 專家連線 ─○

如何服用鈣

有的父母把鈣片碾碎後混在牛奶或輔食裡餵寶寶，其實這是不科學的做法。因為混在食物中的鈣片寶寶只能吸收20%，其餘的鈣經過消化後會排出體外。而且，奶和鈣很容易結合形成凝塊，不易被吸收。可以在餵奶後1~2小時，寶寶胃內的食物大部分被排空後再服鈣。

與補鈣有關的營養細節

補鈣也要補鎂

鎂能夠促進鈣在人體中的吸收利用，鈣鎂比例以2:1為宜。

少吃鹽

鹽的攝入量越多，尿中排出鈣的量越多，鈣的吸收也就越差。

適量攝入維他命 D

維他命D能夠促進鈣吸收，及時正確補充維他命D對孩子很重要。

鈣劑、鐵劑、鋅劑分開補

鈣鐵鋅最好要分開補充，這樣會更好地被身體吸收，時間間隔至少2小時。

睡前補鈣

根據科學研究發現，人體內的各種鈣代謝的時間不同，在夜晚的時候，人體的骨鈣會加快分解。因此在臨睡前1小時喝牛奶以及吃富含鈣食品等是補鈣的最佳時間。

蛋白質促成易吸收的鈣鹽

蛋白質消化分解為氨基酸，尤其是賴氨酸和精氨酸，會與鈣結合形成可溶性鈣鹽，利於鈣吸收。

鈣磷比例均衡

一般認為，鈣磷比例為2:1時有利於鈣吸收，即鈣是磷的2倍。

寶寶曬太陽講究多

● 6個月以下避免直接曝曬

小寶寶皮膚非常嬌嫩，容易曬傷，甚至導致嚴重的皮膚病。一般選擇在光線柔和的時候抱寶寶到室外散步。

● 選擇合適的時間段

上午8~10時和下午4~5時是最適宜寶寶曬太陽的時段。應根據季節天氣變化等情況適當調整曬太陽的時間。另外，最好不要在寶寶空腹時曬太陽。

● 曬太陽前最好不要給寶寶洗澡

寶寶的皮膚上有大量的麥角醇，這種物質在陽光中紫外線的照射下會轉化為維他命D_3，進而促進鈣吸收。而洗澡會將皮膚上的這種物質洗掉，不利於寶寶體內合成維他命D。

● 不要長時間曬太陽

嬰幼兒皮膚嬌嫩，長時間曝露在陽光下可能會引起乾燥、瘙癢等不適。寶寶2歲前每次曬太陽半小時為宜，2~6歲可延長至1小時。注意循序漸進，可以由剛開始的十幾分鐘逐漸增加至1小時。

● 避免眼睛受到陽光直射

曬太陽主要是曬寶寶的手、腳和背部，要避開眼睛以及臉部，否則易引起皮膚乾燥，甚至灼傷皮膚，損傷眼睛。儘量戴有帽檐的帽子去曬太陽。

● 不要隔著玻璃曬太陽

隔著玻璃曬太陽效果大打折扣，這是因為玻璃能夠吸收發揮作用的紫外線。

● 適當增減衣物

開始曬太陽時給寶寶按平時那麼穿；等寶寶身體發熱，建議脫下厚重外衣；曬完太陽回到室內，為避免寶寶受寒感冒，及時為寶寶穿上衣服。

兒科營養師小課堂

瞭解晚了會留下遺憾

案例 1

我家寶寶頭髮稀鬆，偏黃軟，是缺鈣嗎？

兒科營養師答：寶寶頭髮數量的多少主要取決於遺傳因素，存在個體差異。頭髮的遺傳傾向比較明顯：數量、色澤、曲直等均與遺傳有關。如果父母或直系親屬中有髮質很差的，可能會遺傳給寶寶，即使出生時頭髮很黑，也可能慢慢變黃。

案例 2

我家寶寶1歲了，體檢有點缺鈣，只要攝取足夠的鈣就能保證骨骼的健康嗎？

兒科營養師答：影響寶寶骨骼健康的因素有很多，最基本的4個因素包括：從食物中吸收的鈣、遺傳因素、寶寶的運動量和其他因素。1歲寶寶缺鈣，首先要調整生活，通過食物補鈣。必要時要在醫生指導下補充鈣劑。

● 多吃多吃富含鈣的食物，避免影響鈣吸收的食物與鈣劑同補。

● 可以選擇鈣強化食物。

● 多帶寶寶到戶外曬太陽，促進天然維他命D的合成。

● 補充維他命D。

● 純母乳餵養的寶寶，媽媽要注意補鈣。

案例 3

我家寶寶已經10個月了，可是還沒有出牙，是不是缺鈣呢？

兒科營養師答：寶寶一般在6~12個月開始長牙，在2歲半之前乳牙長全。不過，寶寶出牙時間存在很大個體差異，有的寶寶出牙較早，有的寶寶出牙較晚，只要是在個體差異範圍內，就是正常的。「出牙遲是因為缺鈣」並不絕對，寶寶出牙早晚與遺傳因素關係更大。寶寶是否需要補鈣應諮詢兒科醫生。

食物補鈣，
寶寶身體強壯長得高

補鈣明星食材

牛奶
補鈣指數 ★★★★★
促進骨骼發育

食用時間 1歲以後
推薦用量 .... 每日200~300毫升
保存方式 .... 冷藏

補鈣原理　牛奶富含鈣和磷，適量的磷對寶寶的生長發育和代謝都必不可少。食物中鈣磷比例約為2:1時，人體對鈣的吸收最好。

最佳拍檔

早餐　　牛奶 200毫升　　雞蛋1個 富含蛋白質

適量的蛋白質可增加小腸吸收鈣的速度

睡前 1 小時　　牛奶 100毫升　　香蕉1根 安心神

在補鈣的基礎上安撫情緒，提高睡眠質量

營養提醒　切勿在牛奶中加入巧克力，巧克力與牛奶混合在一起會產生草酸鈣。草酸鈣對人體有害，容易引起腹瀉、消化不良等症狀。

酸奶

補鈣指數 ★ ★ ★ ★ ★
鈣吸收率高

食用時間 1歲以後
推薦用量 .... 每日150~250克
保存方式 .... 放密封盒中冷藏

補鈣原理

酸奶由純牛奶發酵而來，保留了牛奶的全部營養成分。酸奶在發酵過程中將乳糖和蛋白質分解，使人體更加容易消化和吸收。

最佳拍檔

餐後 0.5~2 小時

酸奶
150克

堅果少量
富含礦物質

堅果磨成粉與酸奶拌勻，營養更全面，增加鈣攝入量

晚餐

酸奶
100克

南瓜80克
膳食纖維

補鈣，幫助消化，通便

營養提醒

寶寶晚上喝完酸奶後，要及時刷牙，因為酸奶中的菌種及酸性物質會對牙齒造成損害。

芝士

補鈣指數　★★★★★
保持牙齒健康

食用時間 1歲以後
推薦用量 .... 每日60~70克
保存方式 .... 冷藏

補鈣原理

芝士是含鈣量極高的乳製品,被譽為「乳製品中的黃金」。芝士中鈣、磷等礦物質的吸收率是其他食物無法比的。

最佳拍檔

餐後
1.5~2 小時

 芝士
50克

 香蕉1根
富含鎂

促進鈣吸收

午餐

 芝士
30克

 粟米粒50克
營養全面

提高鈣的利用率

營養提醒

家長在購買芝士時要認真閱讀說明中蛋白質和脂肪含量的相關信息。如果脂肪和熱量的含量高一些,每次吃的量就要少一些;反之就可以多吃一些。

黃花魚

補鈣指數　★★★★★
鈣和維他命 A 的好來源

食用時間 7個月以後
推薦用量 每日50克
保存方式 .... 除去內臟和魚鱗，
擦乾水，放入保鮮袋冷藏

補鈣原理

黃花魚是鈣、磷、鉀、鎂等礦物質的良好來源，肉質軟嫩、細膩，容易消化；同時黃花魚肝臟含有豐富的維他命A，是補鈣佳品。

最佳拍檔

午餐

 黃花魚
30克

 豆腐1塊
富含鈣

雙重補鈣，易消化吸收

晚餐

 黃花魚
20克

 蘋果50克
富含維他命

補充鈣、蛋白質、維他命

營養提醒

春季的清明至穀雨時期，正好是黃花魚的產卵期。處於產卵期的黃花魚營養最為豐富，其蛋白質以及鈣、磷、鐵、鋅、碘等礦物質的含量都很高，而且魚肉組織柔軟，容易被人體吸收。

泥鰍
補鈣指數 ★ ★ ★ ★ ★
預防佝僂病

食用時間 1歲以後
推薦用量 ....每日40~75克
保存方式 ....放在裝有少量水的膠袋
中，紮緊口冷凍，泥鰍長時間都不會
死掉，只是「冬眠」

補鈣原理

泥鰍富含鈣和磷，寶寶經常食用可預防小兒軟骨病、佝僂病等。
將泥鰍烹製成湯，可以更好地吸收鈣。

最佳拍檔

午餐		泥鰍 40克	 木耳30克 含鐵

補鈣壯骨，補鐵

晚餐或加餐		泥鰍 20克	 大米50克 補脾胃

補鈣，健脾養胃，促進消化

營養提醒 易過敏的寶寶吃泥鰍要慎重，否則可能加重過敏症狀。一定要謹慎嘗
試，確認寶寶對泥鰍不過敏再放心吃。

鱸魚

補鈣指數 ★★★★★
促進體內鈣吸收

食用時間 6個月以後
推薦用量 每日50克
保存方式 ....去內臟，清洗
乾淨後吸乾表皮水分，用保鮮膜包好，放
入雪櫃冷凍保存

補鈣原理　鱸魚富含鈣、鎂、鋅、硒等，常食鱸魚可保持體內鈣穩定，鱸魚還可補腎健脾。

最佳拍檔

午餐	 鱸魚30克	 南瓜30克 含維他命B1、硒

補鈣，刺激腸胃蠕動

晚餐或加餐	 鱸魚20克	紅蘿蔔25克 含胡蘿蔔素

促進鈣吸收

營養提醒　初次添加魚肉的寶寶給一匙尖的量即可，家長注意觀察寶寶食用後皮膚、消化等狀況。魚腹部的肉刺相對較少，適合給寶寶食用。

蝦

補鈣指數 ★★★★★
補鈣和蛋白質

食用時間 6個月以後
推薦用量 每日40克
保存方式 .... 放入純淨水瓶中再放入
雪櫃冷凍

補鈣原理　蝦營養價值極高，富含鈣、鎂、蛋白質，肉質細嫩、味道清甜，既能促進寶寶骨骼發育、增強免疫力，還有助於增強食慾。

最佳拍檔

| 午餐 |  蝦 20克 | 芹菜30克 富含維他命、膳食纖維 |

補充鈣、蛋白質

| 晚餐 |  蝦 20克 | 西蘭花2小朵 補充胡蘿蔔素 |

促進生長，保護視力，促進骨骼發育

營養提醒　河蝦不建議與富含鞣酸的食物同吃，若與含有鞣酸的水果，如柿子、山楂、石榴、葡萄等同吃，不僅刺激腸胃，還會降低蛋白質的營養價值。

豆腐

補鈣指數 ★★★★★
增強骨骼

食用時間 6個月以後
推薦用量 .... 每日25~50克
保存方式 ....浸泡於冷水中，
放入雪櫃冷藏

補鈣原理

豆腐含鈣豐富，對寶寶牙齒、骨骼的生長發育頗為有益，常食豆腐，還可調節免疫力。

最佳拍檔

早餐	 豆腐 20克	蛋黃30克 含卵磷脂

補鈣健腦

午餐	 豆腐 30克	冬菇50克 含膳食纖維

補鈣，刺激腸胃蠕動

營養提醒

不建議豆腐與菠菜、竹筍、莧菜等含草酸高的食物同食，不過，先把菠菜等用開水焯燙一下，就可以一起食用了。

芝麻醬

補鈣指數 ★★★★★
補鈣健骨

食用時間 6個月以後
推薦用量 .... 每日5~10克
保存方式 .... 常溫存放

補鈣原理

芝麻製成芝麻醬之後，消化率大大提高，芝麻醬含鈣量僅次於蝦皮。寶寶經常食用，對預防佝僂病以及促進牙齒、骨骼的發育大有益處。此外，芝麻醬含有豐富的卵磷脂，有益於寶寶大腦發育。

最佳拍檔

午餐		芝麻醬 6克	饅頭50克 富含碳水化合物

補鈣，增強體質

晚餐		芝麻醬 4克	油麥菜60克 富含維他命

補充鈣、維他命

營養提醒

寶寶腹瀉時不建議吃芝麻醬，因為芝麻醬含大量脂肪，有潤腸通便的作用，吃後可能加重腹瀉。

海帶

補鈣指數 ★★★
預防缺鈣

食用時間 6個月以後
推薦用量 每日30克
保存方式 ....將海帶密封後，放在
通風乾燥處

補鈣原理

海帶富含鈣、碘等礦物質，寶寶常食海帶可維持神經的正常興奮性，防止出現手足抽搐。此外，海帶中褐藻酸鈉鹽有預防骨痛的作用。

最佳拍檔

午餐		海帶 15克	豬瘦肉30克 富含鐵

補鈣、補鐵

晚餐		海帶 15克	黃豆10克 含鈣、蛋白質

補鈣，調節免疫力

營養提醒

海帶食用前不宜長時間浸泡，因為浸泡時間過長，海帶中的營養物質會流失。

紫菜

補鈣指數　★ ★ ★
促進骨骼健康

食用時間 6個月以後
推薦用量 .... 每日5~10克
保存方式 .... 紫菜易返潮變質，將其
密封，放於低溫乾燥處

補鈣原理

紫菜富含鈣、鐵、膽鹼，有助於預防嬰幼兒貧血，促進骨骼、牙齒的生長和保健，增強記憶力；紫菜還含有一定量的甘露醇，可作為治療水腫的輔助食品。

最佳拍檔

| 午餐 |  紫菜 2克 | 雞蛋1個 含蛋白質和卵磷脂 |

促進鈣、維他命B12吸收

| 晚餐 |  紫菜 3克 | 蝦皮少量 含鈣豐富 |

增強補鈣功效，預防骨質軟化

營養提醒

脾胃不好的寶寶不適合吃紫菜。同時還要注意，不能一次吃太多紫菜，否則對腸胃健康有負面影響。

小白菜

補鈣指數　★★★
預防佝僂病

食用時間 6個月以後
推薦用量 每日50克
保存方式 .... 在表面罩上保鮮膜冷藏

**補鈣
原理**　　小白菜含鈣量高，可預防小兒缺鈣，還有助於調節機體免疫力。

最佳拍檔

午餐	小白菜 30克		豆腐30克 富含鈣

補鈣

晚餐	 小白菜 20克		蘑菇20克 含膳食纖維

補鈣，刺激腸胃蠕動

**營養
提醒**　　小白菜是最容易受到農藥污染的蔬菜之一，食用前最好用水浸泡30分鐘以上，並多換幾次水，以去除葉面殘留的農藥。

小棠菜 補鈣指數 ★★★
補鈣固齒

食用時間 6個月以後
推薦用量 .... 每日50~80克
保存方式 ....冷藏，用潮濕的紙將
小棠菜包裹好，放入雪櫃內成直立狀態擺
放

補鈣原理 小棠菜富含鈣，還含有維他命、膳食纖維，特別適合有齒齦出血、便秘等症狀的寶寶。

最佳拍檔

午餐		小棠菜20克	雞蛋1個 含鈣、蛋白質

增加鈣質攝入量

晚餐		小棠菜30克	蝦仁30克 富含鈣、磷

補鈣，強壯身體

營養提醒 不建議吃過夜後的熟小棠菜。綠葉蔬菜烹飪後過夜，亞硝酸鹽含量增加，亞硝酸鹽可能致癌。

薺菜

補鈣指數 ★★★
促進骨骼發育

食用時間 6個月以後
推薦用量 ....每日50~80克
保存方式 .... 洗淨、切好後放入
冷凍室攤開凍結

補鈣原理

薺菜中鈣和磷的含量很高，兩者是骨骼的組成成分，寶寶食用薺菜可以促進骨骼發育。

最佳拍檔

午餐

薺菜
40克

木耳30克
含鐵

補鈣、補鐵，促進排便

晚餐

薺菜
30克

粟米20克
促進大腦發育

補鈣，增強腦力

營養提醒

不建議嬰幼兒過多食用薺菜，否則容易出現胃脹、不消化等不適。

莧菜

補鈣指數　★★★
促進骨骼生長

食用時間 6個月以後
推薦用量 ....每日60~80克
保存方式 ....最好能於8~10℃儲存

補鈣原理

莧菜葉富含鈣，對牙齒和骨骼的生長可起到促進作用，還能促進腸蠕動。

最佳拍檔

午餐	莧菜 40克	豬肝10克 富含鐵

補鈣、補鐵，養肝明目

晚餐	莧菜 40克	雞蛋1個 健腦

補鈣，增強記憶力

營養提醒

過敏性體質的寶寶食用莧菜後經日光照射可能患日光性皮炎，此症較嚴重，需多加注意。

補鈣明星食譜

花生牛奶

材料 花生米35克，牛奶250毫升。

做法

1. 花生米煮熟，去紅皮備用。
2. 將花生米和牛奶放入豆漿機中，按下「豆漿」鍵，煮熟倒出即可。

功效 牛奶含鈣豐富，與花生米搭配，可改善產後乳汁缺少。

生滾魚片粥

材料 黑魚片50克，大米100克。

調料 蔥末、薑末各5克，鹽2克，胡椒粉適量。

做法

1. 大米洗淨；黑魚片洗淨，加薑末、鹽、胡椒粉拌勻，醃漬15分鐘。
2. 鍋置火上，加水和少許油，大火燒沸，放大米煮至粥九成熟。
3. 將米粥倒入砂鍋中，大火煮沸，倒入黑魚片，迅速滑散，煮3分鐘，加蔥末調味即可。

冬筍黃花魚湯

材料 冬筍30克，雪菜40克，黃花魚1條。

調料 蔥段、薑片各5克，鹽2克，白胡椒粉少許。

做法

1. 將黃花魚去鱗、鰓、內臟，去掉魚腹部的黑膜，洗淨，擦乾；冬筍洗淨，切片；雪菜洗淨，切碎。

2. 鍋內倒油燒熱，將黃花魚兩面各煎片刻，加清水，放冬筍片、雪菜碎、蔥段、薑片大火燒開，轉中火煮15分鐘，加鹽調味，揀去蔥段、薑片，撒上白胡椒粉即可。

 功效 冬筍與黃花魚做成湯，具有生精養血、補益臟腑、催乳的功效。

三丁豆腐羹

材料 豆腐200克，雞胸肉、番茄、鮮豌豆各50克。

調料 鹽2克，麻油少許。

做法

1. 豆腐洗淨，切成小塊，在沸水中煮1分鐘；雞胸肉洗淨，切丁；番茄洗淨，去皮，切丁；鮮豌豆洗淨。

2. 將豆腐塊、雞肉丁、番茄丁、豌豆放入鍋中，加適量水，大火煮沸後轉小火煮10分鐘，加鹽調味，淋上麻油即可。

淮山魚頭湯

材料 鱅魚頭1個，淮山150克，豌豆苗50克，海帶30克。

調料 鹽2克，薑片5克。

做法

1. 將鱅魚頭沖洗乾淨；淮山去皮，洗淨，切塊；海帶洗淨，打結；豌豆苗洗淨。

2. 鍋置火上，倒油燒至六成熱，放入魚頭煎至兩面微黃，取出。

3. 淨鍋置火上，放入適量清水和魚頭、淮山塊、海帶結、薑片，大火煮開，轉小火慢燉30分鐘。

4. 再放入豌豆苗煮1分鐘，放入鹽即可。

木瓜鯽魚湯

材料 木瓜250克，鯽魚300克。

調料 鹽2克，蔥段、薑片各5克，芫茜段少許。

做法

1. 將木瓜去皮除子，洗淨，切塊；鯽魚除去鰓、鱗、內臟，洗淨。

2. 鍋置火上，倒油燒熱，放入鯽魚煎至兩面金黃色，盛出。

3. 將煎好的鯽魚、木瓜塊放入湯煲內，加入蔥段、薑片，倒入適量水，大火燒開，轉小火煲40分鐘，加入鹽調味，撒芫茜段即可。

 功效 鯽魚含蛋白質、鈣、磷、鐵較為豐富，搭配木瓜，氣味清甜、香潤鮮美，可益脾胃，潤肺催奶，養顏抗衰。

魚頭海帶豆腐湯

材料　鰱魚頭200克，海帶100克，豆腐
80克，鮮冬菇5朵。

調料　蔥段、薑片各5克，鹽2克。

做法

1. 將魚頭去鰓，用刀切開，沖洗乾淨，
瀝乾。

2. 將冬菇洗淨，去蒂，劃上十字；將豆
腐洗淨，切小塊；將海帶洗淨，切長5
厘米、寬3厘米的段。

3. 將魚頭、冬菇、蔥段、薑片和清水放
入鍋中，大火煮沸，撇去浮沫，加蓋
轉用小火燉至魚頭快熟，揀去蔥段和
薑片。

4. 放入豆腐塊和海帶段，繼續用小火燉
至豆腐和海帶熟透，加鹽調味即可。

功效　鰱魚頭富含磷脂和不飽和脂肪酸。
寶寶處在大腦黃金發育期，非常適
合食用這道湯。豆腐富含鈣，有利
於補鈣。

米湯蛋黃糊

材料 雞蛋1個，大米適量。

做法

1. 大米洗淨，煮熟後取米湯；雞蛋煮熟，取蛋黃研成末。
2. 將蛋黃末加入米湯中，拌勻即可。

魚肉香糊

材料 鱈魚肉50克。

調料 生粉水、魚湯各適量。

做法

1. 將鱈魚肉洗淨，切條，加適量水蒸熟，去刺和魚皮，壓成蓉。
2. 把魚湯煮開，下入魚蓉，用生粉水略勾芡即可。

 功效 這道米糊含鈣豐富，有助於促進骨骼發育。

 功效 魚肉含鈣豐富，同時還能促進嬰幼兒神經發育。

蔬菜米糊

材料 紅蘿蔔、小白菜、小棠菜各20克，
嬰兒米粉30克。

做法

1. 將紅蘿蔔、小白菜、小棠菜分別洗
   淨，切碎，放入沸水中煮約3分鐘，熄
   火。

2. 待水稍涼後，用煮紅蘿蔔碎、小白菜
   碎、小棠菜碎的水沖嬰兒米粉，攪勻
   即可。

 功效 這道米糊富含鈣、碳水化合物和維
他命C，對寶寶的健康有利。

蛋黃南瓜羹

材料 南瓜100克，雞蛋1個。

做法

1. 南瓜去子，切塊；雞蛋煮熟，取蛋黃研成末。
2. 將南瓜塊蒸熟，去皮後壓成蓉。
3. 南瓜蓉加入蛋黃末、適量清水攪拌均勻，倒入鍋中小火燒至沸騰即可。

蛋黃稠粥

材料 雞蛋1個，大米50克。

做法

1. 將大米淘洗乾淨，加適量水大火煮開，轉小火繼續熬煮。
2. 將雞蛋磕開，取蛋黃，打散備用。
3. 在米粥熬到水少粥稠時，倒入蛋液，攪拌均勻即可。

功效 南瓜中膳食纖維含量較豐富，有助於寶寶排便。

紫菜蛋黃粥

材料 大米30克，雞蛋1個，熟黑芝麻、
紫菜各3克。

做法

1. 大米洗淨，浸泡30分鐘，瀝乾。

2. 雞蛋磕破，取蛋黃，攪散；紫菜用剪
刀剪成細絲。

3. 煎鍋中放入大米炒至透明。

4. 加入適量水，加大火熬煮，待煮成粥
後放入蛋黃攪散，加入紫菜絲和熟黑
芝麻，攪勻即可。

功效 這款粥可補充鈣、碳水化合物，有
助於促進寶寶大腦和骨骼發育。

小棠菜馬鈴薯粥

材料 大米25克，馬鈴薯、小棠菜各10克，洋葱5克，海帶湯80毫升。

做法

1. 大米洗淨；馬鈴薯和洋葱去皮，洗淨，切碎；小棠菜洗淨，用開水燙一下，切碎菜葉部分。

2. 將大米和海帶湯放入鍋中大火煮開，轉小火煮熟，再放馬鈴薯碎、洋葱碎、小棠菜葉碎，煮熟即可。

小棠菜蒸豆腐

材料 嫩豆腐50克，小棠菜葉10克，熟雞蛋黃15克。

調料 生粉水5克。

做法

1. 小棠菜葉洗淨，放入沸水中焯燙一下，撈出切碎。

2. 豆腐放入碗內碾碎，然後和小棠菜葉碎、生粉水攪勻，再把熟蛋黃碾碎，撒在豆腐蓉表面。

3. 蒸鍋中倒水，大火燒開，將盛有豆腐蓉的碗放入蒸鍋中，蒸10分鐘即可。

燉魚蓉

材料 魚肉50克，白蘿蔔30克。

調料 生粉水少許。

做法

1. 鍋中加水，再放入魚肉煮熟；白蘿蔔
洗淨，去皮，剁成蓉。

2. 把煮熟的魚肉取出，壓成蓉，再放入
鍋中，加入白蘿蔔蓉大火煮開，用生
粉水勾芡即可。

 功效 補鈣、清熱、消積滯。

蝦肉蓉

材料　蝦肉45克。

做法

1. 將蝦肉洗淨，剁碎，放入碗內。
2. 上蒸籠蒸熟即可。

豆腐軟飯

材料　大米40克，豆腐20克，菠菜15克。

調料　排骨湯適量。

做法

1. 將大米洗淨，放入碗中，加適量水，放入蒸屜蒸成軟飯。
2. 將豆腐洗淨，放入開水中焯燙一下，撈出控水後切成碎末；菠菜洗淨，焯燙，撈出切碎。
3. 將軟飯放入鍋中，加適量過濾去渣的排骨湯一起煮爛，放入豆腐碎末，再煮3分鐘左右，起鍋時放入菠菜碎拌勻即可。

功效　蝦肉含有豐富的蛋白質和不飽和脂肪酸，還含有鈣、磷、鐵等礦物質，是寶寶健腦的佳品。

海帶豆腐粥

材料 大米30克，海帶30克，豆腐20克。

調料 蔥末適量。

做法

1. 海帶用溫水發軟，先切條，再切成小段；豆腐洗淨，切小塊。

2. 大米洗淨，入鍋內加水適量，與海帶段、豆腐塊共同煮粥，待煮熟時撒上蔥末即可。

 功效 海帶、豆腐都富含鈣和磷，搭配食用，補鈣補磷功效加倍。

雙色豆腐

材料 豆腐20克，豬血25克。

調料 雞湯、生粉水各適量。

做法

1. 將豬血、豆腐分別洗淨，切成小塊，放沸水中煮熟，撈出瀝乾水分。

2. 鍋置火上，放入雞湯用中火煮，加生粉水勾芡。

3. 將豆腐和豬血盛入盤子中，倒入芡汁即可。

功效 豆腐和豬血營養豐富，可以促進消化，對寶寶缺鐵性貧血有一定的輔助治療效果，同時有利於補鈣。

魚肉薯蓉

材料 馬鈴薯40克，鱈魚肉20克。

做法

1. 馬鈴薯洗淨，去皮，切塊；鱈魚洗淨。

2. 馬鈴薯放入蒸鍋蒸軟，放入碗內。

3. 鱈魚肉放入小鍋中，加水，大火煮熟，撈出，放入盛有熟馬鈴薯的碗內。

4. 將鱈魚肉和馬鈴薯壓成蓉，加入少量魚湯，攪拌成黏稠狀即可。

 功效 鱈魚含有豐富的DHA和蛋白質，能促進寶寶骨骼和大腦發育，也有利於補鈣。

冬菇蘋果豆腐羹

材料 蘋果50克，冬菇10克，豆腐丁30克。

材料 生粉適量。

做法

1. 冬菇泡軟，打碎成蓉，與豆腐丁一起煮熟，用生粉勾芡，製成豆腐羹。

2. 蘋果洗淨，去皮，切成塊，放入攪拌機中打成蓉。

3. 豆腐羹冷卻後，加入蘋果蓉拌勻即可。

 功效 豆腐富含鈣，寶寶常食，能促進牙齒和骨骼的生長發育。

紅蘿蔔小魚粥

材料 白粥、紅蘿蔔各30克，小魚乾10克。

做法

1. 將紅蘿蔔洗淨，去皮，切末；將小魚乾泡水（多換幾次水以去除鹽），洗淨，瀝乾。

2. 將紅蘿蔔末、小魚乾分別煮軟，撈出，瀝乾。

3. 鍋中倒入白粥，加入小魚乾攪勻，最後加入紅蘿蔔末煮滾即可。

 功效 小魚乾富含鈣，能促進寶寶的骨骼和牙齒的健康發育，搭配上紅蘿蔔，還能保護寶寶的眼睛。

黑芝麻木瓜粥

材料 黑芝麻10克，大米40克，木瓜30克。

做法

1. 大米和黑芝麻分別去除雜質，洗淨；木瓜去皮去子，洗淨，切丁。

2. 大米放入鍋中，加水煮20分鐘，加入木瓜丁、黑芝麻，煮15分鐘即可。

 功效 這款粥可促進骨骼和牙齒發育。

鮮湯小餃子

材料 小餃子皮10克，肉末30克，白菜50克。

調料 雞湯少許。

做法

1. 白菜洗淨，切碎，與肉末混合製成餃子餡。

2. 取小餃子皮托在手心，把餃子餡放在中間，捏緊即可。

3. 鍋內加適量水和雞湯，大火煮開，放入小餃子，蓋上鍋蓋煮，煮開後揭蓋，加入少許涼水，敞著鍋繼續煮，煮開後再加涼水，如此反復加3次涼水煮開即可。

花豆腐

材料 豆腐50克，菠菜葉30克，熟蛋黃1個。

調料 葱薑水適量。

做法

1. 將豆腐稍煮，放入碗內研碎；將熟蛋黃研碎。

2. 將菠菜葉洗淨，開水微燙，撈出，切成碎末，加入葱薑水拌勻。

3. 將豆腐碎做成方形，撒一層蛋黃碎在豆腐表面。

4. 入蒸鍋，中火蒸5分鐘，取出後撒菠菜碎即可。

功效 雞蛋黃中含有卵磷脂、鐵、磷等，能夠增強寶寶體質，調節免疫力；豆腐可補鈣。

小白菜丸子湯

材料 小白菜段30克，豬肉餡50克，雞蛋白1個。

調料 鹽1克，高湯、麻油各適量。

做法

1. 小白菜段洗淨；豬肉餡加鹽、雞蛋白拌勻，用手擠成小丸子。

2. 湯鍋置火上，加高湯煮沸，下小丸子煮熟，下小白菜段煮沸，加入麻油調味即可。

功效 補鈣、補鐵，對便秘也有很好的改善功效。

蝦皮青瓜湯

材料 蝦皮10克，青瓜片25克，紫菜碎3克。

調料 麻油1克。

做法

1. 蝦皮洗淨，泡2小時，期間多次換水以去除蝦皮的鹽。

2. 鍋置火上，倒油燒熱，下蝦皮煸炒片刻，加適量清水煮沸。

3. 加入青瓜片和紫菜碎後轉小火煮1分鐘，出鍋前淋麻油即可。

功效 促進骨骼發育，但脾胃虛弱的寶寶不宜多食。

日本豆腐蒸蝦仁

材料 日本豆腐150克，鮮蝦30克，青瓜 20克。

調料 生抽2克，生粉適量。

做法

1. 鮮蝦清洗，去蝦線、蝦殼，洗淨；青瓜洗淨，切丁。

2. 日本豆腐切厚片，擺盤中，再擺上蝦仁，入蒸屜蒸5分鐘即可。

3. 把盤中蒸出來的水倒碗中，加生粉調均勻，倒鍋中，加生抽，待形成薄薄的芡汁關火。

4. 蝦仁上放上青瓜丁點綴，把芡汁澆在蒸好的豆腐蝦仁上即可。

功效 蝦仁富含鈣，青瓜可促進食慾，有利於寶寶生長發育。

牛奶西蘭花

材料 西蘭花50克，牛奶30毫升。

做法

1. 西蘭花洗淨，放入水中焯燙至軟。
2. 將西蘭花切成小朵。
3. 將切好的西蘭花放入小碗中，倒入準備好的牛奶即可。

核桃花生牛奶羹

材料 核桃仁、花生米各30克，牛奶50
毫升。

做法

1. 將核桃仁、花生米炒熟，研碎。
2. 鍋置火上，倒入牛奶，大火煮沸後下入核桃碎、花生碎，稍煮1分鐘即可。

 功效 西蘭花含豐富的維他命、胡蘿蔔素、硒等，有健腦壯骨、補脾和胃的功效，利於寶寶生長發育。

 功效 寶寶常食有助於補充鈣、鐵、鋅。

牛奶蒸蛋

材料 雞蛋1個，牛奶200毫升，蝦仁25克。

調料 鹽1克，麻油1克。

做法

1. 將雞蛋打入碗中，加牛奶攪勻，放鹽調勻；將蝦仁洗淨。

2. 將雞蛋液入蒸鍋大火蒸約2分鐘，此時蛋羹已略成形，將蝦仁擺在上面，改中火再蒸5分鐘，出鍋後淋上麻油即可。

功效 牛奶、蝦仁中富含鈣、蛋白質，可以促進骨骼發育。

59

牛奶小饅頭

材料 麵粉40克，牛奶20毫升，酵母少
許。

做法

1. 將麵粉、酵母、牛奶和水放在一起，
揉成麵糰，放15分鐘。
2. 將麵糰切成4份，就是4個小饅頭坯，
上鍋蒸15~20分鐘即可。

功效 牛奶含鈣豐富，且牛奶中的鈣容易
被寶寶吸收。

魚肉羹

材料 草魚肉50克。

調料 生粉10克。

做法

1. 魚肉切成小片，入鍋煮熟，撈出，魚
湯留用。
2. 去除魚骨和皮，將魚肉放入碗內研
碎。
3. 魚肉碎放入鍋內加魚湯煮。
4. 生粉用水調勻，倒入鍋內煮至糊狀即
可。

功效 魚肉含有豐富的蛋白質、鈣，能夠
促進寶寶骨骼的健康發育，同時對
維護寶寶的視力和促進大腦發育也
有很好的作用。

鮮蝦燒賣

材料 淨蝦仁30克，鮮粟米粒、冬菇末、芹菜末、雞肉末、藕末各20克，麵皮50克。

調料 鹽1克，薑末、蔥末各3克，豉油3克。

做法

1. 蝦仁洗淨，挑去蝦線，切末。
2. 鮮粟米粒、冬菇末、雞肉末、蝦仁末、芹菜末、藕末加豉油、鹽、蔥末、薑末做成餡料，包在麵皮裡後插上蝦仁，蒸熟即可。

功效 蝦仁富含蛋白質、鈣，不僅促進寶寶骨骼發育，而且能全面補充營養，還能潤腸通便。

雙色飯糰

材料 米飯50克，醃漬鮪魚15克，菠菜20克，雞蛋1個，海苔片5克。

調料 番茄醬3克。

做法

1. 製作茄汁飯糰：醃漬鮪魚壓碎，和番茄醬一起拌入米飯中，做成球形的飯糰，再放到海苔片上即可。

2. 製作菠菜飯糰：菠菜洗淨，燙熟，擠乾水分並切碎；雞蛋煮至熟，取半個切碎；將菠菜碎、雞蛋碎和米飯混合，做成球形的飯糰，再放在海苔片上即可。

海帶青瓜軟飯

材料 大米40克，海帶10克，青瓜20克，雞蛋1個。

做法

1. 將海帶用水浸泡10分鐘後撈出，切成小片；將青瓜去皮後切成小丁；將雞蛋炒熟，切碎。

2. 把泡好的大米和適量清水倒入鍋裡，將米煮成軟飯，然後放入海帶片、青瓜丁和雞蛋碎，用小火蒸熟即可。

蛋包飯

材料 米飯50克，小棠菜、火腿丁各10克，雞蛋1個；紅燈籠椒1個。

調料 番茄醬3克。

做法

1. 小棠菜洗淨，切碎，炒熟；紅燈籠椒洗淨，去蒂及籽，切碎，炒熟。

2. 鍋內倒油燒熱，放火腿丁、米飯後炒鬆，再加小棠菜碎和紅燈籠椒碎炒勻。

3. 雞蛋打散攪勻，攤成雞蛋皮。

4. 將米飯、火腿丁、小棠菜碎、紅燈籠椒碎均勻地放在雞蛋皮上，再對折即可起鍋，將適量番茄醬淋在蛋包飯上即可。

蛋黃豆腐羹

材料 豆腐50克，火腿少許，雞蛋2個。

調料 鹽1克。

做法

1. 豆腐沖洗乾淨，切小塊後，裝碗；火腿切碎。

2. 取一個雞蛋，分離出蛋黃。將蛋黃打散後加入切碎的火腿、鹽、溫水，攪勻後倒入豆腐塊裡。

3. 另一個雞蛋煮熟，將蛋黃搗碎，撒在裝豆腐的碗裡，蓋上保鮮膜，入鍋蒸8分鐘即可。

草菇燴豆腐

材料 草菇、豆腐各50克，豌豆15克。

調料 葱末、鹽各2克，生粉水適量。

做法

1. 草菇洗淨，切小丁；豆腐洗淨，切丁，稍浸泡，取出；豌豆洗淨，煮熟。

2. 油鍋燒熱，爆香葱末，倒入草菇丁、豆腐丁，加鹽燒至入味，放熟豌豆炒勻，用生粉水勾芡即可。

紫菜鱸魚卷

材料　鱸魚肉100克，紫菜1張，雞蛋白1
　　　　個。

調料　鹽1克。

做法

1. 將鱸魚肉洗淨，去刺，將魚肉剁成
　蓉，加入雞蛋白攪上勁，再加鹽調
　味；將紫菜平鋪，均勻抹上魚蓉，捲
　成卷。

2. 鍋置火上，倒入適量水，放入鱸魚卷
　隔水蒸熟即可。

功效　魚肉中富含不飽和脂肪酸、蛋白質
等營養物質，有促進大腦生長，調
節免疫力的功效；雞蛋白中的蛋白
質能夠補充寶寶生長所需；紫菜富
含膽鹼、鈣、鐵、碘等，有助於骨
骼、牙齒的生長。

牛奶粟米湯

材料 鮮牛奶250毫升,甜粟米粒100克。

調料 冰糖少許。

做法

1. 甜粟米粒洗淨,煮熟。

2. 鍋中倒入鮮牛奶燒開,倒入甜粟米粒,加少許冰糖攪動3分鐘,關火即可。

黃魚粥

材料 大米40克,黃魚肉50克,紅蘿蔔15克。

調料 葱花、鹽、麻油各少許。

做法

1. 黃魚肉去魚刺,切成丁;將紅蘿蔔洗淨,去皮,切小丁;將大米淘洗乾淨。

2. 將大米倒入鍋中,加水煮成粥。

3. 加入黃魚肉丁、紅蘿蔔丁以及鹽略煮,加葱花調味,滴麻油即可。

 功效 牛奶富含鈣,粟米含有豐富的膳食纖維,可促進骨骼發育,緩解便秘。

 功效 黃魚富含硒、蛋白質,可促進寶寶生長發育。

蝦仁魚片燉豆腐

材料 鮮蝦仁30克，魚肉片40克，嫩豆
腐50克，青菜心60克。

調料 鹽1克，蔥末、薑末各3克。

做法

1. 將蝦仁、魚肉片洗淨；青菜心洗淨，
   切段；嫩豆腐洗淨，切成小塊。

2. 鍋置火上，放入油燒熱，下蔥末、薑
   末爆鍋，再下入青菜心段稍炒，加
   水，放入蝦仁、魚肉片、豆腐塊燉
   熟，加鹽調味即可。

功效 蝦仁、魚肉富含鈣，可增強骨密
度，還能增進食慾，與豆腐搭配，
營養更佳。

海帶木瓜百合湯

材料 水發海帶40克，木瓜100克，百合10克，豬瘦肉30克。

調料 鹽少許。

做法

1. 海帶洗淨，切片；百合洗淨，浸泡2小時；木瓜去皮，去子，切塊；豬瘦肉洗淨，切小塊焯燙。

2. 煲內加適量水煮開，放入海帶片、木瓜塊、百合和豬瘦肉塊，燒開，小火煲2小時，加鹽調味即可。

清蒸鯽魚

材料 水發木耳60克，鮮鯽魚1條。

調料 鹽、白糖、薑片、葱段各適量。

做法

1. 將鯽魚去鰓、內臟、鱗後洗淨，在魚身兩側各劃兩刀；水發木耳去雜質，洗淨，撕成小朵。

2. 將鯽魚放入碗中，加入薑片、葱段、白糖、鹽，覆蓋木耳，上蒸籠蒸8~10分鐘取出，去掉薑片和葱段即可。

 功效 海帶搭配木瓜一起食用能清熱解毒，去燥潤肺。

蓮蓬蝦蓉

材料 蝦仁、蓮子各25克，豬肉、水發冬菇各50克。

調料 生粉、蒜末各5克，高湯適量。

做法

1. 蓮子去心，洗淨，浸泡2小時。

2. 將蝦仁、豬肉剁成末，水發冬菇切成小粒，三者拌勻，加生粉調成蝦蓉餡。

3. 酒盅抹油，裝滿蝦蓉餡，在上面均勻地嵌入數粒蓮子即成蓮蓬狀，上籠蒸15~20分鐘，取出。

4. 鍋置火上，倒油燒熱，下蒜末，倒高湯略燒，倒在蒸好的蝦蓉餡上即可。

功效 可強健體質，促進寶寶生長發育。

黃魚餅

材料 淨黃魚肉50克，牛奶30毫升，洋
蔥20克，雞蛋1個。

調料 生粉10克，鹽少許。

做法

1. 黃魚肉去刺後剁成蓉，裝入碗中；洋
   蔥洗淨，切碎，放入魚蓉碗中。

2. 雞蛋打散，攪拌均勻後倒入魚蓉碗
   中，再加入牛奶、生粉和鹽攪拌均
   勻。

3. 平底鍋內加油燒熱後，將魚蓉倒入鍋
   中，煎成兩面金黃即可。

清蒸小黃魚

材料 小黃魚80克。

調料 蔥末3克，鹽1克，紅椒絲5克。

做法

1. 將小黃魚洗淨，清除內臟，放鹽抹
   勻，醃製15分鐘。

2. 將醃好的小黃魚排放在盤中，撒上蔥
   末、紅椒絲。

3. 鍋內放適量水燒開，放入小黃魚，隔
   水蒸熟即可。

番茄魚蛋湯

材料 魚蛋50克，番茄、豬瘦肉各30克。

調料 薑末3克，鹽1克，芫茜少許。

做法

1. 番茄洗淨，去皮，切丁；豬瘦肉洗淨，切塊；芫茜洗淨，切段。

2. 起鍋燒水，煮沸後放入豬瘦肉塊，焯燙除去表面血漬，撈出後用水洗淨。

3. 另起一鍋，放入番茄丁、魚蛋、豬瘦肉塊、薑末，加入清水，旺火煮沸後轉小火煲；煲1小時後調入鹽，撒上芫茜段即可。

 功效 魚蛋、豬瘦肉補鈣、補鐵，搭配番茄，有助於改善寶寶食慾不振。

牛奶枸杞銀耳羹

材料 銀耳20克，牛奶120毫升，枸杞子
　　　10克。

調料 白糖少許。

做法

1. 將銀耳提前泡發；將枸杞子洗淨。
2. 鍋中放適量水，加銀耳，大火燒開後
   轉小火；加枸杞子繼續燉煮10分鐘，
   關火。
3. 倒入牛奶拌勻，加白糖調味即可。

功效　銀耳含有多糖類物質，可以增強寶
寶的抵抗力；枸杞子有抗疲勞、保
護眼睛的功效。

清蒸基圍蝦

材料　淨基圍蝦50克。

調料　鹽1克，芫茜段5克，葱末、蒜末各
　　　　3克，麻油、豉油、醋各少許。

做法

1. 基圍蝦用鹽、葱末醃漬；蒜末加麻
　 油、豉油、醋調成味汁。

2. 將基圍蝦上籠蒸15分鐘，出鍋撒芫茜
　 段即可；在蝦旁邊放調味汁。

功效　清蒸基圍蝦肉質鬆軟、易消化，
　　　對增強體質有益。

海帶燒豆腐

材料 豆腐80克，水發海帶50克。

調料 蔥花3克，鹽少許。

做法

1. 豆腐切小塊，放入沸水中焯燙，撈出，瀝乾；海帶洗淨，切段。

2. 鍋置火上，放油燒熱，爆香蔥花，放入豆腐、海帶翻炒，加鹽調味即可出鍋。

 海帶、豆腐可強健骨骼，還能補碘。

香乾肉絲

材料 香乾50克，豬柳40克。

調料 蔥花2克，鹽1克，生粉水5克。

做法

1. 香乾沖洗一下，切條；豬柳洗淨，切絲，生粉水醃漬10分鐘。

2. 油鍋燒熱，爆香蔥花，倒肉絲炒變色，倒入香乾翻炒，加鹽炒勻即可。

 香乾含有豐富的優質蛋白質和鈣，寶寶常食可以促進鈣的吸收，有利於生長發育。

蝦皮雞蛋羹

材料 雞蛋1個，蝦皮5克。

調料 麻油2克。

做法

1. 蝦皮洗淨，浸泡去鹹味，撈出；雞蛋
   打散，放入蝦皮和適量清水，攪拌均
   勻。

2. 蛋液放蒸鍋中蒸5~8分鐘，取出，淋
   上麻油即可。

功效 雞蛋羹營養豐富、易消化，適宜
體質較弱的寶寶食用，可增強體
質；雞蛋與蝦皮搭配，補鈣。

銀魚燒豆腐

材料 豆腐塊80克，燙熟小銀魚30克。

調料 豉油、麻油各1克，葱花、洋葱末各3克。

做法

1. 將豆腐塊、小銀魚放入鍋中，加入豉油、葱花、洋葱末和清水，用小火加熱至小銀魚、豆腐熟。
2. 煮好後淋麻油即可。

蝦皮腐竹

材料 水發腐竹100克，蝦皮8克。

調料 蒜絲3克，麻油1克。

做法

1. 腐竹洗淨，撕開，切成絲；蝦皮洗淨。
2. 鍋置火上，放油燒熱，放蒜絲煸炒，放入腐竹絲、蝦皮炒勻，加少許清水翻炒，淋麻油即可。

 功效 銀魚富含鈣、蛋白質，而且基本沒有大魚刺，適宜寶寶食用。

 功效 腐竹中鈣、蛋白質含量很高，與蝦皮搭配，不僅補鈣，還可促進大腦發育。

水晶蝦仁

材料 鮮蝦仁60克,鮮牛奶50毫升,雞蛋白1個。

調料 生粉5克,鹽1克。

做法

1. 鮮蝦仁洗淨,挑去蝦線,加上鹽、生粉醃15分鐘。

2. 牛奶、雞蛋白和醃蝦仁同放碗中,充分攪拌均勻。

3. 鍋置火上,放油燒熱,倒入拌勻的牛奶、蝦仁、雞蛋白,用小火翻炒,炒至凝結成塊,起鍋裝盤即可。

功效 蝦仁富含鈣、磷、鎂,而且比例適當,對寶寶成長尤其有益。

火龍果牛奶

材料 火龍果50克，牛奶250毫升。

做法

1. 火龍果取果肉，果皮留整。
2. 火龍果肉加牛奶，一同倒入攪拌機，攪打成汁，倒入果皮中即可。

奶香粟米餅

材料 粟米粉50克，牛奶60毫升，黃豆粉10克，小梳打粉3克。

調料 鹽1克。

做法

1. 粟米粉、黃豆粉、小梳打粉、牛奶、鹽加水攪成糊狀。
2. 鍋內倒油燒熱，倒入麵糊，煎至兩面金黃即可。

 功效 火龍果與牛奶搭配，可補鐵補鈣，而且對腸胃有一定的保護作用。

 功效 粟米的營養成分比較全面，可促進神經系統發育，搭配牛奶更有益補鈣。

麻醬拌茄子

材料　紫皮長茄子200克。

調料　芝麻醬、蒜蓉、鹽、麻油、米醋
　　　　各適量。

做法

1. 將茄子洗淨，去皮，切成長條，撒
　鹽，略浸泡，撈出，放盤內入蒸鍋蒸
　熟，取出後涼涼。

2. 將芝麻醬放小碗內，放涼白開攪拌成
　稀糊狀時，再加入鹽、蒜蓉、麻油、
　米醋拌勻，均勻地澆在涼涼的茄條
　上，拌勻即可。

海苔卷

材料 米飯80克，菠菜、青瓜、紅蘿蔔各20克，柴魚、三文魚、海苔各10克。

調料 豉油、沙律醬各少許。

做法

1. 菠菜擇洗乾淨，煮過後擠乾水分，切段備用；將三文魚、柴魚蒸熟後用沙律醬和豉油拌勻；將青瓜洗淨，切成細條；將紅蘿蔔洗淨，切成細條。

2. 將切成適當大小的海苔分成兩半，先放上一半量的米飯，再分別放入步驟1的材料，將海苔捲緊，切成容易食用的大小即可。

 功效 建議常給寶寶吃海苔，因為海苔中B族維他命、鐵、鈣、碘等營養素含量豐富。

正確認知鐵，
寶寶缺鐵不可怕

寶寶缺鐵的信號

　　缺鐵性貧血是全球四大營養缺乏性疾病之一，我國兒童缺鐵和缺鐵性貧血總體發病率接近50%，嚴重危害兒童的生長發育和健康水平。那麼，寶寶缺鐵都有哪些信號呢？

寶寶煩躁好哭，愛發脾氣。

嬰幼兒，體格生長緩慢，發育遲緩。

周身乏力，疲倦，還易反復感染腹瀉。

興奮多動，出現破壞性行為。

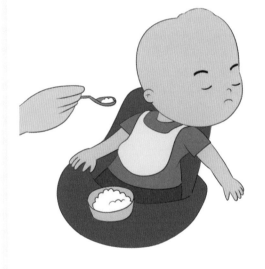

食慾差，營養不良，厭食。

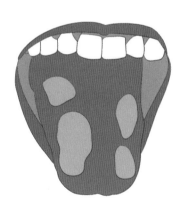

口腔黏膜蒼白。

是什麼偷走了寶寶體內的鐵

● **鐵的丟失或消耗過多**

有很多情況會引起寶寶缺鐵，如慢性腹瀉等胃腸道疾病影響鐵吸收。

● **鐵的攝入量不足**

人體內的鐵主要來源於食物，出生不久的嬰兒以乳類為主，乳類含鐵量較低。添加輔食以後，給寶寶的輔食食材中含鐵不足。

● **生長發育需求量增加**

鐵是形成血紅蛋白必需的原料，寶寶生長迅速，血容量增加也快，鐵需求量也快速增長。

● **鐵的儲備量不足**

正常新生兒體內貯存的鐵量足夠供應出生後6個月的需求，假如媽媽在孕期鐵攝入不足，就不能把足夠的鐵提供給寶寶，寶寶出生後易患缺鐵性貧血。

● **草酸、植酸等影響鐵的吸收**

食物中的植酸、草酸等能抑制鐵的吸收。如果在輔食製作過程中沒有掌握科學的烹飪方法，容易使寶寶患上缺鐵性貧血。

這樣補鐵，寶寶從小不貧血

確定鐵的攝入量

年齡	每天鐵攝入量
0~6個月	0.3毫克
6個月~1歲	10毫克
1~4歲	9毫克
4~6歲	10毫克

注：以上數據參考《中國居民膳食指南（2016）》。

缺多少補多少

寶寶鐵的來源主要是母乳、配方奶、強化鐵米粉及其他含鐵食物。

不同乳類含鐵的區別

乳類	含鐵量	吸收率
母乳	65±5微克/100毫升（上海市區）	**吸收率很高**
配方奶	1.0~1.2毫克/100毫升	**吸收率較低**
牛奶	0.3毫克/100毫升	**吸收率低**

注：以上數據參考《新生兒營養學》《中國食物成分表》。

通過這些數據，大致算出寶寶一天的鐵攝入量為多少。比如，寶寶在0~6個月時，媽媽只要保證每日哺乳量，就完全可以滿足寶寶每天的鐵需求量。當然，在親餵的情況下，很難測量寶寶吃母乳的量，媽媽只要記得每天哺乳8~10次，而且寶寶身長、體重增長正常就好了。

○ 專家連線 ○

什麼情況下需要補充鐵劑

主要是看寶寶的生活中是否有容易導致缺鐵的高危因素。這些高危因素有以下幾點：①早產。②出生時體重偏低。③暴露在鉛超標的環境裡。④輔食中缺少鐵含量較高的食物。⑤生長發育遲緩。⑥餵養困難。

1~4 歲的寶寶每天需要 9 毫克的鐵，一天鐵的主要來源

配方奶
500毫升
約含14.5毫克鐵

豬肝1塊
50克
約含11.3毫克鐵

小米
100克
約含5.1毫克鐵

菠菜
100克
約含2.9毫克鐵

春筍
100克
約含2.4毫克鐵

河蝦
50克
約含2毫克鐵

雞蛋1個
60克
約含1.2毫克鐵

通過計算，寶寶攝入的鐵為 39.4 毫克

　　補鐵要從鐵的攝入量和吸收率兩方面來衡量。一般來說，補鐵可以多吃含鐵高的食物，動物性食物中的肝臟、血、瘦肉等含鐵高，吸收好，是寶寶補鐵的首選。植物性食物中的黑芝麻、木耳、菠菜、黃豆等也含鐵，但沒有動物性食物的鐵吸收好。

　　此外，維他命C有助於人體對鐵的吸收。在補鐵的同時，最好讓寶寶適當攝入富含維他命C的水果和蔬菜，以提高鐵的吸收。

不同階段的補鐵重點

富鐵蓉糊狀食物為開端

給孩子添加輔食，每次只添加一種新食材，由少到多、由稀到稠、由細到粗，循序漸進。從一種富鐵蓉糊狀食物開始，如強化鐵的嬰兒米粉、肉蓉等，逐漸增加食物種類，過渡到半固體或固體食物，如爛麵條、肉末等。

6 個月首選第一口輔食含鐵米粉

6個月以後的嬰兒從母體內帶來的鐵等重要營養素基本消耗殆盡，此時應給寶寶添加富含鐵的輔食。大米是穀類食品中最不容易引起過敏的食物，而且容易消化吸收。但米粉含鐵不高，於是有了強化鐵米粉。因此，富含鐵的嬰兒米粉為寶寶的首選輔食。

兒科營養醫師指導　　媽媽實踐操作 DIY

 7~9 月齡每日需補充
母乳量≥600毫升
母乳餵養不少於4~6次
輔食餵養2~3次

 含鐵米粉40克　　 雞蛋黃1個

紅肉30~50克　　稍小一點的奇異果1個

 10~12 月齡每日需補充
母乳量≈600毫升
母乳餵養3~4次
輔食餵養2~3次

 雞蛋黃1個　 紅肉30~50克　 菜、水果、穀物類各適量

特別提醒 蔬菜水果沒有嚴格要求攝入量，卻是必不可少的，因為它們是維他命、礦物質以及膳食纖維的重要來源，口味和質地都多樣。

6個月後必須添加蔬菜

葉菜類含鐵量較高，小棠菜5.9毫克/100克；薺菜5.4毫克/100克，莧菜5.4毫克/100克，菠菜2.9毫克/100克。寶媽可以把蔬菜焯熟後，切碎添加到寶寶的米粉裡。

富含維他命C的蔬菜水果和富含鐵的食材同食能促進鐵吸收，如南瓜、番茄、馬鈴薯、淮山、紅蘿蔔等都含維他命C。

適時添加瘦肉、動物血

雖然瘦肉含鐵量不是最高的，但鐵的利用率非常高，與豬肝差不多，而且購買、加工容易，寶寶也願意接受。

豬血、雞血、鴨血等動物血的鐵利用率為12%，用它們做成美味的輔食，可預防寶寶出現缺鐵性貧血。營養學專家建議每次吃動物血不要多於50克，一周2~3次即可。

兒科營養醫師指導　　媽媽實踐操作 DIY

 6~9 月齡每日需補充　　 **10~12 月齡每日需補充**

菠菜75克、小棠菜100克、白菜心100克、紅蘿蔔50克、冬菇50克，自由搭配。

 綠葉蔬菜 75克

 豬瘦肉末 30~50克

 大米粥 100克

 小棠菜50克　　白菜心100克

 紅蘿蔔50克　　 冬菇50克

特別提醒 葉菜用開水焯過可以去除大部分草酸，有利於鐵吸收。

與補鐵有關的營養細節

促進鐵吸收的因素

● **胃酸**
食物中的鐵主要以三價
鐵的形式存在，在胃酸
作用下，還原成二價鐵
離子，再與腸內容物中
的維他命C、某些糖及
氨基酸形成化合物，在
十二指腸吸收。

● **有機酸**
維他命C、檸檬酸、乳
酸、丙酮酸、琥珀酸等與
鐵形成可溶性小分子絡合
物，提高鐵**吸收率**。

● **維他命 C**
具有還原性，能將三價鐵還
原成二價鐵，在低pH條件
下，可與二價鐵形成可溶性
螯合物，有利於鐵吸收。

● **半胱氨酸**
深色綠葉菜通過人體新陳
代謝會產生一種名為類半
胱氨酸的物質，半胱氨酸
有與維他命C類似的作用，
能協助非血紅素鐵還原。

抑制鐵吸收的因素

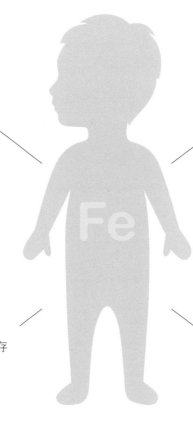

● **過多攝入膳食纖維**

過多攝入膳食纖維，
會促進鐵、鈣的排
出，不利於鐵吸收。
粗糧、蔬果中富含膳
食纖維，不建議嬰幼
兒過多攝入粗糧、蔬
菜和水果。

● **多酚類、鞣酸物質**

干擾鐵吸收。

● **鈣、鋅等礦物質**

大劑量的鈣會阻礙鐵吸
收；無機鋅和無機鐵之間
會競爭，互相干擾吸收。

● **植酸鹽和草酸鹽**

這類鹽會影響鐵吸收，多存
在於穀類、蔬菜中。

烹調方法有講究

方法 1

主食選發酵食品，鐵比較容易吸收，因此，饅頭、發糕、麵包要比麵條、烙餅、米飯更適合寶寶補鐵。

饅頭　　　發糕　　　麵條　　　烙餅

麵包　　　　　　　米飯

方法 2

去掉草酸，鐵吸收得更好。吃葉菜時，先用開水焯一下，去掉大部分草酸，可以讓寶寶吸收更多鐵。

開水焯葉菜　　　葉菜不焯水，直接炒

方法 3

葷素、果蔬搭配，能提高植物性食物鐵的吸收率，而且新鮮蔬果含豐富的維他命C，可以促進鐵吸收。

兒科營養師
小課堂

缺鐵性貧血如何食補

案例 1

我家寶寶1歲半就患有缺鐵性貧血，不愛吃飯，還脾氣暴躁，怎麼辦？

兒科營養師答：媽媽首先要糾正和調整自己在餵養方式和觀念上的偏頗，趕快幫助寶寶戒除壞習慣，重建對吃飯的信心與熱情，回歸飲食好習慣。

- 及時去醫院，解決消化道問題。
- 給寶寶獨立進食的權利。
- 不要強迫寶寶進餐，做到少吃多餐，按寶寶的營養需求來餵養，並建立飲食好習慣。
- 讓寶寶多參加戶外活動，增加熱量的消耗。
- 營造良好的進食氛圍。
- 邀請寶寶的同伴來一起進餐。

案例 2

我家寶寶14個月，患缺鐵性貧血，我應該怎麼給她食補？

兒科營養師答：要均衡攝取富含鐵的食材，如動物肝臟、動物血等。維他命C可以促進鐵吸收，所以補鐵時維他命C的攝取量也要充足。多吃各種新鮮的蔬菜，許多蔬菜含維他命C豐富，如薺菜。

案例 3

我家寶寶3歲2個月大，感冒時發現有缺鐵性貧血的情況，請問補鐵食補好還是藥補好？

兒科營養師答：首先要看缺鐵性貧血的程度，通過檢查血紅蛋白的數值判斷是否需要藥補（輕度：90~120克/升，中度：60~90克/升，重度：30~60克/升）。輕度缺鐵性貧血可從食物中補充，食補需要多食含鐵豐富的食物，如豬肝、豬血、瘦肉、奶製品、大豆類、大米、蘋果、綠葉蔬菜等。中度和重度缺鐵性貧血可採取食補加藥補的形式，給寶寶先補充富含鐵的食材，需要藥物干預治療的，可以給寶寶服用鐵劑。服用鐵劑時要注意，硫酸亞鐵會對寶寶的腸胃有刺激，最好服用乳酸亞鐵成分的鐵劑，它對寶寶的胃刺激小，安全、很容易被吸收。

食物補鐵，
寶寶注意力集中，不貧血

補鐵明星食材

豬血

補鐵指數 ★★★★★
預防缺鐵性貧血

食用時間 6個月以後
推薦用量 .... 每日50~75克
保存方式 .... 冷藏

補鐵原理　豬血富含的鐵以血紅素鐵的形式存在，容易被消化吸收。對生長發育階段的嬰幼兒來說，可以有效緩解缺鐵性貧血。

最佳拍檔

午餐	豬血 40克	燈籠椒半個 富含維他命C

維他命C可以促進鐵吸收

晚餐	 豬血 30克	 菠菜50克 富含葉酸和鐵

葷素搭配，促進食慾，加速造血原料的消化吸收

營養提醒　 豬血放開水裡燙一下，切塊，炒、燒或作為湯的主料和輔料；烹調豬血時最好要用葱、薑等佐料，可以去腥。

鴨血

補鐵指數 ★★★★★
補鐵

食用時間 6個月以後
推薦用量 .... 每日50~75克
保存方式 .... 冷藏

**補鐵
原理**　鴨血富含鐵、優質蛋白質，可有效緩解寶寶缺鐵性貧血，促進生長發育。

最佳拍檔

午餐		鴨血 40克	　絲瓜50克 含維他命C

維他命C促進三價鐵轉換成易吸收的二價鐵

晚餐		鴨血 30克	　韭菜20克 富含膳食纖維

有助於補鐵，促進腸道蠕動

**營養
提醒**　1.食用動物血，無論燒、煮，一定要提前熟透。
2.烹調時應配有蔥、薑等佐料去除異味。

豬肝

補鐵指數 ★★★★★

補血，調節免疫力

食用時間 6個月以後

推薦用量 每日50克

保存方式 .... 冷藏或保放於陰涼處

補鐵原理　豬肝富含鐵和維他命B$_{12}$，適當的維他命B$_{12}$能促進血紅細胞的生成，可改善缺鐵性貧血。

最佳拍檔

早餐

豬肝
20克

菠菜50克
富含葉酸和鐵

葉酸可以協助造血營養素的生成，預防缺鐵性貧血

晚餐

豬肝
30克

莧菜50克
含鐵、鈣

莧菜中含鈣、鐵，改善缺鐵性貧血

營養提醒　肝是最大的毒物中轉站和解毒器官，所以買回的鮮肝不要急於烹調，應把肝放在自來水龍頭下沖洗10分鐘，然後放在水中浸泡30分鐘。

雞肝

補鐵指數 ★★★★★
調節免疫力

食用時間 6個月以後
推薦用量 每日50克
保存方式 .... 冷藏

補鐵
原理

雞肝富含鐵和維他命A，維他命A可以促進視力發育。幼兒適當
進食雞肝可使皮膚紅潤，改善缺鐵性貧血。

最佳拍檔

早餐

雞肝
20克

紅蘿蔔半根
富含胡蘿蔔素

益肝明目，改善缺鐵性貧血

晚餐

雞肝
30克

芹菜100克
含葉綠素

改善缺鐵性貧血、便秘

營養
提醒

烹製時最好不要放醋，因為醋會使維他命A遭到破壞。

牛瘦肉

補鐵指數 ★★★★★
調節免疫力

食用時間 6個月以後
推薦用量 ....每日15~50克
保存方式 ....冷凍

補鐵原理

牛瘦肉富含容易吸收的鐵和鋅，在補鐵的基礎上提高幼兒免疫系統功能。

最佳拍檔

早餐

牛瘦肉
30克

冬菇50克
含多種氨基酸

在益氣補血基礎上調節免疫力

晚餐

牛瘦肉
40克

芋頭50克
含豐富的黏液皂素

適量的黏液皂素可以增進食慾，幫助消化，與牛瘦肉合用還可補鐵

營養提醒

1.烹飪時放一個山楂、一塊橘皮或一點茶葉，牛肉易軟爛。
2.牛肉的纖維組織較粗，結締組織較多，應橫切（將長纖維切斷），如果順著纖維組織切，不僅沒法入味，還嚼不爛。

豬瘦肉

補鐵指數 ★★★★★
補充蛋白質和脂肪酸

食用時間 6個月以後
推薦用量 ....每日40~75克
保存方式 ....冷凍

補鐵原理

豬瘦肉富含鐵和半胱氨酸，半胱氨酸可促進鐵吸收，能有效改善幼兒缺鐵性貧血。除此之外，豬瘦肉還為幼兒提供了優質蛋白質和必需的脂肪酸。

最佳拍檔

早餐	 豬瘦肉 50克	 蓮藕50克 含維他命C和鐵

預防貧血

晚餐	 豬瘦肉 25克	莧菜50克 含鈣、鐵

促進補鐵

營養提醒

豬肉烹調前莫用熱水清洗，若用熱水浸泡就會散失很多營養，同時烹飪以後口感也欠佳。

雞蛋

補鐵指數　★★★★★
健腦益智，保護肝臟

食用時間 6個月以後
推薦用量 .... 每日1~2個
保存方式 .... 常溫存放或冷藏

補鐵原理

雞蛋黃富含鐵和卵磷脂，適量的卵磷脂有益嬰幼兒心臟、大腦、血管的生長發育。

最佳拍檔

| 早餐 | | 雞蛋1個
60克 |  | 紫菜10克
含鈣、鐵 |

增強記憶，預防貧血，促進骨骼生長

| 晚餐 | | 雞蛋1個
60克 |  | 龍眼5顆
含碳水化合物 |

在補鐵的基礎上安撫情緒，提高睡眠質量

營養提醒

雞蛋未煮熟不能將細菌殺死，容易引起食物中毒。因此雞蛋要經高溫煮熟後再吃。

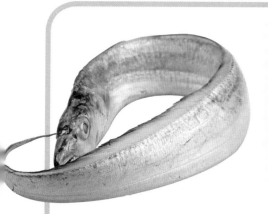

帶魚

補鐵指數 ★★★★★
養肝補血

食用時間 7個月以後
推薦用量 .... 每日40~75克
保存方式 .... 冷凍

補鐵原理

帶魚富含鐵、DHA和EPA，DHA和EPA有利於嬰幼兒腦部發育，提高智力；嬰幼兒適當吃些帶魚，既健腦，又可以預防缺鐵性貧血。

最佳拍檔

早餐

帶魚
30克

豆腐50克
含優質蛋白質

亞油酸有益於神經、血管、大腦生長發育，還補鐵

晚餐

帶魚
40克

木瓜50克
含多種氨基酸

木瓜蛋白酶可以促進消化和鐵吸收

營養提醒

帶魚的銀鱗被稱為「銀脂」，怕熱，在75℃的水中便會溶化，因此清洗帶魚時水溫不可過高，也不要對魚體表面進行過度刮拭，以防銀脂流失。

黑芝麻

補鐵指數　★ ★ ★
養血潤腸

食用時間 6個月以後
推薦用量 每日30克
保存方式 .... 常溫存放

補鐵原理

芝麻富含鐵和鈣，鈣既可促進幼兒的骨骼發育，鐵有利於預防幼兒的缺鐵性貧血。此外，芝麻中富含的維他命E還有促進幼兒頭髮生長的作用。

最佳拍檔

| 午餐 | | 黑芝麻
20克 | | 核桃
健腦益智 |

促進鐵吸收、益智

| 晚餐 | | 黑芝麻
10克 |  | 香蕉1隻
安心神 |

在補鐵的基礎上安撫情緒，提高睡眠質量

營養提醒

黑芝麻吃起來不苦，反而有點輕微的甜味，有芝麻香味，不會有任何異味；但市場上有染色的黑芝麻，這種「黑芝麻」有種奇怪的機油味，或者說有除了芝麻香味之外的不正常的味道，而且吃起來發苦。

紅豆

補鐵指數 ★★★
減少貧血的發生

食用時間 7個月以後
推薦用量 .... 每日20~50克
保存方式 .... 常溫存放

補鐵原理
紅豆富含鐵，具有較好的補血效果，常食能減少缺鐵性貧血的發生，而且紅豆含有的維他命C還能促進鐵吸收。

最佳拍檔

早餐

紅豆
20克

百合適量
和胃潤肺

補鐵，潤肺止咳

晚餐

紅豆
20克

蓮子10粒
養心安神

預防貧血，養心安神

營養提醒
紅豆宜與穀類食物混合製成紅豆飯或紅豆粥食用。紅豆較硬，不易煮熟，烹調前建議泡發一段時間。

紅棗 補鐵

補鐵指數 ★ ★ ★

食用時間 8個月以後
推薦用量 .... 每日50~100克
保存方式 .... 常溫存放

補鐵原理 　紅棗含鐵、維他命C和葉酸，維他命C可增強抵抗力，還可促進鐵吸收；葉酸參與血細胞的生成，促進神經系統的健康發育。

最佳拍檔

早餐　　紅棗
2枚　　　　小米100克
富含鉀、鋅

不僅可健脾養胃，補鐵，而且促進寶寶生長發育

午餐　　紅棗
3枚　　　　花生10粒
富含氨基酸、鋅

促使細胞發育和增強記憶能力

營養提醒 　紅棗受風吹後容易乾縮、起皺、變色，因此攤晾時，最好在紅棗上加蓋一層廢舊報紙，防止紅棗直接接受光照和風吹。

木耳

補鐵指數　★★★
補氣血，清腸胃

食用時間 6個月以後
推薦用量 .... 每日50~75克
保存方式 .... 常溫存放

補鐵
原理　木耳富含鐵和鈣，對嬰幼兒生長發育很有益處。

最佳拍檔

早餐		木耳 15克	春筍50克 富含膳食纖維

適當的膳食纖維，幫助消化並促進鐵吸收

晚餐		木耳 15克	紅棗3枚 含維他命C

維他命C可提高鐵的**吸收率**

營養
提醒　在處理乾木耳時，溫水中放入木耳，然後加入兩匙生粉後進行攪拌，
以去除木耳中的細小雜質。

金菇

補鐵指數　★★★
有利營養素吸收

食用時間 1歲以後
推薦用量 .... 每日100~150克
保存方式 .... 冷藏

補鐵原理　金菇是鐵含量較高的菌菇之一，還含有大量維他命，有利於糾正缺鐵性貧血。

最佳拍檔

早餐　　金菇
50克

　豬肝50克
富含鐵

促進鐵吸收

晚餐　　金菇
100克

　雞肉100克
富含蛋白質

適當的蛋白質能調節免疫力，進而起到益氣補血的作用

營養提醒　做金菇之前，最好在加鹽的沸水裡焯一下，可以起到殺菌和去澀的作用。

桃子

補鐵指數 ★ ★ ★
益氣補血

食用時間 6個月以後
推薦用量 .... 每日50~70克
保存方式 .... 常溫存放

補鐵原理

桃子含鐵和維他命C，維他命C不僅具有抗氧化，增強肝功能，調節免疫力，還能益於鐵的吸收，預防缺鐵性貧血。

最佳拍檔

早餐

桃子
50克

青瓜
清熱潤腸

促進鐵吸收、防便秘

睡前 1 小時

桃子
20克

西柚50克
含天然葉酸和維他命C

在補鐵的基礎上增強機體的解毒功能

營養提醒

如何巧洗桃？
1.將桃子放在溫水中，再撒少許鹽，輕輕揉，桃毛會很快脫落。
2.在水中放入食用鹽，將桃子浸泡3分鐘，攪動，桃毛會自動脫下。

櫻桃

補鐵指數 ★ ★ ★
補血

食用時間 6個月以後
推薦用量 .... 每日50~75克
保存方式 ....冷藏

補鐵
原理

常食櫻桃可補充機體對鐵的需求，促進血紅蛋白再生，既可預防嬰幼兒缺鐵性貧血，又可增強體質，健腦益智。

最佳拍檔

早餐 櫻桃
50克 酸奶50克
含有多種酶
（注：1歲以後的寶寶才能喝牛奶和奶製品）

適當搭配酸奶可改善腸道環境，此飲品補鈣補鐵

睡前1小時  櫻桃
25克 蘋果100克
含維他命

補鐵，有補腦養血、寧神安眠作用

 營養
提醒

清洗櫻桃時在水中放入一些食用鹼，能中和農藥的強酸，對去除殘留農藥有很好的效果。

葡萄

補鐵指數 ★ ★ ★
預防缺鐵性貧血

食用時間 6個月以後
推薦用量 .... 每日50~100克
保存方式 .... 冷藏

補鐵原理

葡萄富含鐵、維他命C以及酒石酸等，適當的酒石酸能健脾和胃，促進食慾。維他命C能夠促進鐵吸收，有助於緩解嬰幼兒輕度缺鐵性貧血。

最佳拍檔

早餐

 葡萄
50克

 枸杞子5克
含甜菜鹼

適當的甜菜鹼可抑制脂肪在肝細胞內沉積，促進肝細胞再生，補血養肝

晚餐

 葡萄
50克

 橙1個
富含維他命C

維他命C促進鐵吸收，能預防缺鐵性貧血

營養提醒

葡萄能保留時間很短，最好購買後儘快吃完。一次吃不完可用膠袋密封好，放入雪櫃內能保存4~5天。

補鐵明星食譜

燈籠椒炒牛肉片

材料 牛肉80克，燈籠椒100克。

調料 葱末、薑末各5克，鹽2克，生粉
10克。

做法

1. 牛肉洗淨，切片，加水、生粉抓勻，
醃製10分鐘；燈籠椒洗淨，去蒂去
子，切片。

2. 鍋內倒油燒熱，下牛肉片翻炒至變
色，放葱末、薑末略炒，倒燈籠椒片
炒勻，加鹽調味即可。

豬肝菠菜粥

材料 大米100克，新鮮豬肝50克，菠菜
30克。

調料 鹽1克。

做法

1. 豬肝沖洗乾淨，切片，入鍋焯水，撈
出瀝水；菠菜洗淨，焯水，切段；大
米淘洗乾淨，用水浸泡30分鐘。

2. 鍋置火上，倒入適量清水燒開，放入
大米，大火煮沸後改用小火慢熬。

3. 煮至粥將成時，將豬肝片放入鍋中煮
熟，再加菠菜段稍煮，加鹽調味即
可。

銀耳木瓜排骨湯

材料 豬排骨250克，乾銀耳2朵，木瓜100克。

調料 鹽2克，葱段、薑片各5克。

做法

1. 乾銀耳泡發，洗淨，撕成小朵；木瓜去皮去子，切塊；排骨洗淨，斬段，焯水備用。

2. 湯鍋加清水，放入排骨段、葱段、薑片同煮，大火燒開後放入銀耳，小火慢燉約1小時。

3. 把木瓜塊放入湯中，再燉15分鐘，放入鹽攪勻，揀出葱段、薑片即可。

 排骨補鐵，滋陰潤燥，搭配木瓜、銀耳可通乳、安神、助眠。

花生雞腳湯

材料 雞腳5隻，花生米50克，紅棗6
枚。

調料 鹽2克，麻油適量。

做法

1. 雞腳洗淨，切去爪尖，用沸水焯燙後
再洗淨；花生米、紅棗洗淨，用清水
浸泡。

2. 砂鍋置火上，倒入適量清水，放入雞
腳、花生米、紅棗，大火煮開後轉小
火燉1小時，加鹽調味，淋入麻油即
可。

紅棗龍眼粥

材料 龍眼肉20克，紅棗10枚，糯米60
克。

調料 紅糖5克。

做法

1. 糯米洗淨，用清水浸泡2小時；龍眼肉
和紅棗洗淨。

2. 鍋置火上，加入適量清水煮沸，加入
糯米、紅棗、龍眼肉，用大火煮沸，
再用小火慢熬成粥，加紅糖即可。

鴨血木耳湯

材料 鴨血150克，水發木耳25克。

調料 薑末、芫茜段各5克，鹽2克，生粉水、麻油各少許。

做法

1. 鴨血洗淨，切成3厘米見方的塊；水發木耳洗淨，撕成小朵。

2. 鍋置火上，加適量清水，煮沸後放入鴨血塊、木耳、薑末，再次煮沸後轉中火煮10分鐘，加鹽調味，用生粉水勾芡，撒上芫茜段，淋麻油即可。

功效 新媽媽多吃鴨血、木耳，可預防缺鐵性貧血。鴨血還為人體提供多種礦物質，對防止產後營養不良有益。

紅棗黨參牛肉湯

材料 紅棗4枚，黨參15克，牛肉250克。

調料 鹽2克，薑片10克，麻油少許，牛骨高湯適量。

做法

1. 紅棗洗乾淨，去核；黨參、牛肉分別洗淨，切片。
2. 將紅棗、黨參片、牛肉片、牛骨高湯、薑片放入後大火燒沸，改小火煲1小時，加鹽調味，滴上麻油即可。

雙耳羹

材料 乾銀耳、乾木耳各10克。

調料 葱末、鹽各適量。

做法

1. 乾銀耳、乾木耳分別用清水泡發，擇洗乾淨，切碎。
2. 蒸鍋置火上，將銀耳碎、葱末和木耳碎放入大碗中，倒入適量清水，放入蒸鍋，大火蒸15分鐘，加鹽調味即可。

花生紅棗雞湯

材料 淨雞1隻，水發冬菇30克，花生米25克，紅棗6枚。

調料 葱段、薑片各5克，鹽2克，老抽、白糖各2克，生粉、料酒各6克，麻油1克。

做法

1. 花生米洗淨；冬菇加白糖、料酒、麻油、生粉拌勻；淨雞用老抽、鹽醃漬10分鐘。

2. 鍋倒油燒熱，爆香葱段、薑片，放入花生米、冬菇、紅棗，放入醃漬過的雞，加適量清水，慢火燉1小時，加鹽調味即可。

功效 紅棗可補益脾胃、滋養陰血、養心安神，與雞肉搭配，還能補鋅強體。

牛肉湯米糊

材料　牛肉30克，嬰兒米粉50克。

做法

1. 將牛肉洗淨，切片。

2. 鍋置火上，加入適量清水，放入牛肉，燉1小時。

3. 將牛肉濾除，留下肉湯，等肉湯稍涼後加入嬰兒米粉，攪拌均勻即可。

瘦肉蓉

材料　豬柳30克。

做法

1. 豬柳洗淨，剁成肉蓉。

2. 將肉蓉蒸熟即可。

菠菜鴨肝蓉

材料 菠菜15克，鴨肝30克。

做法

1. 鴨肝清洗乾淨，去膜、去筋，剁成
   蓉；菠菜洗淨，放入沸水中焯燙至八
   成熟，撈出，涼涼，切碎。

2. 將鴨肝蓉和菠菜碎混合後攪拌均勻，
   放入蒸鍋中大火蒸5分鐘即可。

 功效 鴨肝含鐵豐富，搭配菠菜，對預防
缺鐵性貧血極為有益。

蛋黃蓉

材料 雞蛋1個。

做法

1. 將雞蛋放入鍋中煮熟。
2. 磕開雞蛋，取用蛋黃，加適量溫水調成蛋黃蓉即可。

蛋黃薯蓉

材料 熟雞蛋黃30克，馬鈴薯20克。

做法

1. 熟雞蛋黃加水調成蓉；馬鈴薯洗淨，蒸熟，去皮，壓成蓉。
2. 鍋中放入薯蓉、蛋黃蓉和溫水，放火上稍煮，攪拌均勻即可。

豬肝蛋黃粥

材料 豬肝30克，大米40克，熟雞蛋1個。

做法

1. 豬肝洗淨，剁成碎；大米淘洗乾淨，浸泡30分鐘。
2. 熟雞蛋去皮，取蛋黃壓碎。
3. 鍋置火上，加水燒開，放入大米，用小火煮成稀粥。
4. 將豬肝碎、蛋黃碎加入稀粥中煮3分鐘即可。

 功效 豬肝、雞蛋黃都是補鐵的理想食材，與大米搭配煮粥可補鋅，還促進消化。

牛肉蓉粥

材料　粟米粒、牛肉、大米各50克。

調料　葱末適量。

做法

1. 牛肉洗淨，剁成末；大米、粟米粒洗
   淨。

2. 鍋內倒入清水燒沸，放入大米和粟米
   粒，熬成粥，放入牛肉末煮沸，轉小
   火煮5分鐘，出鍋前撒上葱末即可。

 功效　牛肉富含鐵，與粟米、大米搭配，
寶寶常食可充盈氣血、強筋壯骨。

番茄蓉豬肝

材料　豬肝、番茄各20克。

做法

1. 將豬肝外層的薄膜剝掉之後，用涼水
   將血水泡出，然後煮熟，切碎。

2. 番茄用水焯一下，隨即取出，去皮，
   切碎。

3. 將切碎的豬肝和番茄碎拌勻即可。

 功效　補鐵，促進消化。

椰菜西蘭花糊

材料 椰菜、西蘭花各20克，洋葱5克，
麥粉15克。

做法

1. 取椰菜心，切碎；洋葱去老皮，洗
   淨，切碎；西蘭花洗淨，掰小朵。

2. 鍋中放油燒熱，將洋葱碎和西蘭花炒
   熟。

3. 將麥粉加在水中攪勻，混合後倒入鍋
   中，充分攪拌後用大火煮5分鐘，加入
   椰菜碎、洋葱碎、西蘭花後調小火，
   用匙羹邊攪拌邊煮熟即可。

功效 西蘭花中鈣、鐵等礦物質比較豐
富，維他命C、胡蘿蔔素含量也很
高。寶寶常食可全面補充營養。

冬瓜球肉丸

材料 冬瓜50克，肉末20克，鮮冬菇30克。

做法

1. 冬瓜去皮去瓤，冬瓜肉剜成冬瓜球。

2. 將冬菇洗淨，切成碎末，將冬菇末、肉末混合後攪拌成肉餡，然後揉成小肉丸。

3. 將冬瓜球和肉丸碼在盤子中，上鍋蒸熟即可。

肉末蛋羹

材料 雞蛋1個，豬瘦肉25克。

調料 豉油少量。

做法

1. 將雞蛋洗淨，磕入碗中打散，加適量清水攪拌均勻，放入蒸鍋內，水開後蒸8分鐘，取出。

2. 將豬瘦肉洗淨，剁成肉末；炒鍋置火上燒熱，倒入適量植物油，放入肉末煸熟，淋入少量豉油翻炒均勻，盛在蒸好的蛋羹上即可。

 功效 肉末、冬菇可補鐵，搭配冬瓜可清熱解暑。

番茄蛋黃粥

材料 番茄70克，雞蛋1個，大米50克。

做法

1. 番茄去皮，切丁；將雞蛋的蛋黃與蛋白分開，蛋黃液打散。
2. 鍋置火上，加適量水燒開，放入大米煮粥。
3. 待大米粥熟時，加入番茄碎，稍煮，倒入蛋黃液，迅速攪拌，稍煮即可。

功效 雞蛋黃中的鐵易吸收，其含有的維他命A，能保護寶寶視力。番茄含有豐富的番茄紅素，能夠保護寶寶的視網膜健康。

雞肉木耳粥

材料 雞腿肉30克，乾木耳5克，大米50克。

做法

1. 乾木耳用清水泡發，洗淨，切成末；雞腿肉洗淨，切碎；大米洗淨。

2. 大米放入鍋中，加適量水煮熟，加入雞腿肉碎煮熟，再放入木耳末，中火煮熟即可。

功效 木耳被譽為「素中之葷」，寶寶常食可預防缺鐵性貧血，與雞肉搭配食用，有助於調節免疫力。

菠菜瘦肉粥

材料 菠菜50克，豬瘦肉30克，大米粥1小碗。

調料 麻油少許。

做法

1. 將菠菜洗淨，焯水，切成段；將豬瘦肉洗淨，切小塊。

2. 鍋內加水、大米粥，煮開，放入肉塊、菠菜段，稍煮後放入麻油。

功效 豬瘦肉富含鐵、蛋白質，菠菜富含維他命和膳食纖維，二者搭配煮粥，能增加營養。

紅棗核桃米糊

材料 大米30克,紅棗4枚,核桃仁15克。

做法

1. 大米洗淨,浸泡30分鐘;紅棗洗淨,浸泡30分鐘,去核;核桃仁洗淨備用。

2. 將食材倒入全自動豆漿機中,加水至上下水位線之間,按「米糊」鍵,至米糊好即可。

 功效 紅棗可益氣血、健脾胃,改善血液循環,對寶寶缺鐵性貧血有食療作用;核桃仁有健腦作用。

雞蛋餅

材料 低筋麵粉50克,雞蛋1個,紅蘿蔔
絲適量。

調料 白糖1克,果醬2克。

做法

1. 低筋麵粉過篩,加雞蛋、水和白糖,
做成麵糊。

2. 平底鍋加油燒熱,倒適量麵糊,煎成
兩面金黃的薄餅。

3. 用模具壓造型,中間淋一點果醬,果
醬周圍擺放紅蘿蔔絲即可。

粟米肉丸

材料 豬肉餡60克,雞蛋1個,粟米粉50
克。

調料 生粉適量,鹽1克,白芝麻適量。

做法

1. 在豬肉餡中放入雞蛋、生粉、鹽調
勻,順時針方向攪上勁。

2. 將肉餡製成一個個的小丸子,每個丸
子裹上一層粟米粉,再沾一層白芝麻
碼入盤內,入鍋後用中火蒸8分鐘即可
食用。

 功效 這道菜中富含促進寶寶生長的蛋白
質、鈣、鐵、鋅。

溫拌雙蓉

材料 茄子、馬鈴薯各100克,雞蛋1個。

調料 鹽1克,番茄醬、麻油各少許。

做法

1. 茄子洗淨,去皮後蒸熟,搗成蓉;馬鈴薯洗淨後蒸熟,去皮,壓成蓉。茄子蓉、薯蓉分別加入鹽,攪拌均勻。

2. 雞蛋煮熟後,雞蛋黃壓碎,雞蛋白切成末。

3. 茄子蓉、薯蓉分別放在盤中(不混合),再把雞蛋白末、雞蛋黃碎分別放在茄子蓉、薯蓉的兩側,澆上番茄醬、麻油即可。

功效 馬鈴薯富含鐵、鉀、膳食纖維等,可預防小兒便秘;搭配雞蛋,補鐵效果更佳。

雞蛋炒萵筍

材料 雞蛋1個，萵筍50克。

調料 鹽1克。

做法

1. 萵筍洗淨，去皮，切片；雞蛋磕入碗中打散。

2. 鍋內倒油燒熱，倒入雞蛋液翻炒後，再加萵筍片和清水炒熟，加鹽調味即可。

紅棗蓮子粥

材料 大米50克，紅棗2枚，蓮子10克。

做法

1. 將紅棗洗淨，去核，切成碎丁；將蓮子洗淨，打成碎末；大米淘洗乾淨，浸泡30分鐘。

2. 將紅棗丁、蓮子末、大米一起下鍋，大火煮開後轉小火煮成粥即可。

 功效 雞蛋補鐵，搭配含豐富磷與鈣的萵筍，對促進骨骼、牙齒發育很有好處。

 功效 紅棗含鐵，可避免正處在生長發育高峰期的寶寶發生缺鐵性貧血，是補鐵食物。

青瓜釀肉

材料 青瓜50克，豬肉餡、老豆腐各20克，淨蝦仁30克。

調料 生粉10克，鹽1克。

做法

1. 青瓜洗淨，去蒂，切成5~6段，並把中間挖空；豆腐洗淨，碾碎。

2. 豬肉餡、老豆腐、生粉攪勻後，加鹽調味。

3. 將攪好的肉餡分別塞入青瓜段中，再放入蝦仁，蒸熟即可。

 功效 這款青瓜釀肉可補鐵、補鈣。

鵝肝蔬菜蓉

材料 鵝肝50克，紅蘿蔔40克，菠菜30
克。

調料 高湯適量。

做法

1. 將鵝肝、紅蘿蔔洗淨，蒸熟，壓成
蓉；菠菜洗淨，煮熟，切碎。

2. 將鵝肝蓉、紅蘿蔔蓉、菠菜碎攪拌均
勻，用去油的高湯煮3~5分鐘即可。

菠菜豬血湯

材料 菠菜30克，豬血60克。

調料 鹽1克，薑片2克，麻油少許。

做法

1. 菠菜洗淨，用開水焯一下，撈出切
段；豬血洗淨，切塊，焯水。

2. 鍋置火上，放油燒熱，爆香薑片，下
入菠菜略炒，再放入豬血塊翻炒，加
水大火煮開，再轉小火燜煮一會兒，
加鹽和麻油調味即可。

紅蘿蔔豬肝麵

材料 紅蘿蔔50克，豬肝40克，顆粒麵1小把，小棠菜30克。

調料 葱花、薑片、骨頭湯、生抽各適量。

做法

1. 豬肝洗淨，切末；紅蘿蔔洗淨，切小丁；小棠菜洗淨，在開水中燙至變色，撈出切碎。

2. 鍋內燒水，加葱花和薑片，加豬肝煮熟，涼涼後切末。

3. 另起鍋，加骨頭湯和紅蘿蔔丁，燒開，加入顆粒麵，煮至快熟時，倒入豬肝末和小棠菜碎，加生抽調味即可。

芹菜洋葱蛋花湯

材料 雞蛋2個，芹菜10克，洋葱40克，
粟米生粉適量。

做法

1. 芹菜洗淨，切小段；洋葱洗淨，切
   碎；雞蛋打散。

2. 鍋中加水，放入芹菜段和洋葱碎煮
   開，將雞蛋液慢慢倒入湯中，輕輕攪
   拌。

3. 粟米生粉加水攪開，倒入鍋中燒開，
   至湯汁變稠即可。

燕麥芝麻豆漿

材料 黃豆40克，熟黑芝麻10克，燕麥
20克。

調料 白糖1克。

做法

1. 黃豆洗淨，用清水浸泡10~12小時；
   燕麥淘洗乾淨，用清水浸泡2小時；熟
   黑芝麻擀碎。

2. 將黃豆、燕麥和黑芝麻碎倒入全自動
   豆漿機中，加水至上下水位線之間，
   按下「豆漿」鍵，煮至豆漿機提示豆
   漿做好，過濾後加白糖攪拌至化開即
   可。

牛肉蔬菜粥

材料 牛肉40克,米飯80克,馬鈴薯、
紅蘿蔔、韭菜各15克。

調料 鹽1克,高湯適量。

做法

1. 將牛肉、韭菜分別洗淨,切末;紅蘿
蔔、馬鈴薯分別洗淨,去皮,切成小
丁。

2. 鍋中放高湯煮沸,加入牛肉末、紅蘿
蔔丁和馬鈴薯丁燉10分鐘,加入米飯
拌勻再煮10分鐘,煮沸後加韭菜末、
鹽,稍煮即可。

功效 牛肉補鐵,搭配馬鈴薯、紅蘿蔔、
韭菜,營養更為豐富,對寶寶視力
發育有好處。

鴨血鯽魚湯

材料 鴨血50克，淨鯽魚肉100克。

調料 蔥白段3克，鹽、麻油各1克。

做法

1. 淨鯽魚肉切小片；鴨血洗淨，切片備用。
2. 鯽魚片和蔥白段一同放入鍋中，加水，大火煮沸，轉小火將魚煮熟。
3. 在鯽魚湯中加入鴨血片、鹽煮熟，再加入麻油即可。

 鯽魚富含人體容易吸收的蛋白質，寶寶常喝此湯可以促進骨骼健康發育，有利於寶寶健康成長。

龍眼紅棗豆漿

材料 黃豆60克，龍眼15克，紅棗4枚。

做法

1. 將黃豆洗淨，用清水浸泡8~12小時；龍眼去殼去核；紅棗洗淨，去核，切碎。
2. 把上述食材一同倒入全自動豆漿機中，加水至上下水位線之間，按下「豆漿」鍵，煮至豆漿機提示豆漿做好即可。

 這款飲品可以幫助寶寶提升智力，預防缺鐵性貧血。

黑芝麻豆漿

材料　黑芝麻20克，黃豆40克。

調料　白糖2克。

做法

1. 將黃豆洗淨，浸泡8小時；將黑芝麻洗淨，炒熟，搗碎。

2. 將黃豆放入全自動豆漿機中，加入適量清水，煮製豆漿熟透後過濾，調入黑芝麻碎和白糖即可。

黑芝麻和黃豆一起食用能夠提高身體抵抗力、健腦益智，常食能補腦益智。

牛肉蘿蔔湯

材料 牛肉、白蘿蔔各50克。

調料 芫茜末適量，鹽1克，蒜末3克。

做法

1. 牛肉洗淨，切塊，加鹽、蒜末醃至入味；白蘿蔔洗淨，去皮，切小塊。

2. 鍋內倒入開水，先放入白蘿蔔塊，煮沸後放牛肉塊，煮熟後撒芫茜末即可。

三黑粥

材料 黑米40克，黑豆10克，黑芝麻、核桃仁各15克。

調料 紅糖少許。

做法

1. 黑豆洗淨，清水浸泡6小時；黑芝麻、核桃仁炒熟，搗碎；黑米淘洗乾淨，浸泡4小時。

2. 鍋置火上，倒入適量清水燒開，下入黑米和黑豆，大火煮開，小火煮至米、豆熟爛。

3. 加紅糖煮化，加黑芝麻碎和核桃仁碎攪拌均勻即可。

鮮茄肝扒

材料 豬肝50克，茄子150克，番茄1個，麵粉50克。

調料 生抽、鹽、白糖、生粉水各適量。

做法

1. 將豬肝洗淨，瀝水後切碎，用生抽、鹽、白糖醃漬片刻；將茄子洗淨切塊，蒸軟後壓成蓉。

2. 茄子蓉與豬肝碎、麵粉拌成糊後捏成厚塊，煎至兩面金黃。

3. 將番茄洗淨，焯燙，去皮切塊，略炒，用生粉水勾芡，淋在肝扒上即可。

 這道菜營養豐富，尤其含鐵豐富，能促進生長發育。

菠菜炒豬肝

材料 豬肝50克，菠菜80克。

調料 蔥花、生粉水各5克，白糖、鹽各2克。

做法

1. 豬肝放入水中泡30分鐘，撈出，切片，然後放入碗中，加入蔥花、生粉水拌勻，醃漬10分鐘。

2. 菠菜擇洗乾淨，放入沸水中焯燙一下，撈出，控水，切段。

3. 鍋置火上，放油燒熱，放入豬肝片，大火炒至變色，放入菠菜段稍炒，加鹽、白糖炒勻即可。

雞血燉豆腐

材料 雞血、豆腐各50克，小棠菜心30克。

調料 鹽少許。

做法

1. 將雞血、豆腐切成小丁；小棠菜心洗淨，切碎。

2. 將雞血丁、豆腐丁、小棠菜心碎放入鍋中燉熟，調鹽即可。

豬肉韭菜水餃

材料 餃子皮40克,豬肉40克,韭菜30克,雞蛋1個。

調料 葱末5克,麻油、鹽各2克。

做法

1. 豬肉、韭菜洗淨,切末;雞蛋磕入碗中打散。

2. 豬肉末加鹽、適量水攪勻,再放韭菜末、葱末、雞蛋液、麻油攪成餡,用餃子皮包好。

3. 鍋置火上,倒入適量水燒沸,放入餃子,燒開後點3次水,煮至熟即可。

功效 豬肉富含鐵,與韭菜搭配補血益氣的效果更佳,有助於預防缺鐵性貧血。此外,韭菜還能潤腸通便,對預防小兒便秘有一定作用。

馬鈴薯燒牛肉

材料 牛肉50克,馬鈴薯80克。

調料 葱末5克,芫茜段、白糖、鹽各2克。

做法

1. 牛肉洗淨,切塊,焯燙;馬鈴薯洗淨,去皮,切塊。

2. 油鍋燒熱,爆香葱末,將牛肉塊、白糖倒砂鍋中,加清水燒開,煮至肉熟。

3. 加馬鈴薯燉至熟軟,收汁,加鹽調味,撒芫茜段即可。

鴨肝粥

材料 鴨肝、番茄各30克,大米50克。

做法

1. 將鴨肝洗淨,切成丁;番茄用開水燙後去皮,切成丁。

2. 大米洗淨,用大火煮開後小火煮至黏稠狀,放入鴨肝丁、番茄丁,稍煮即可出鍋。

 功效 補鐵,促進視力發育,調節免疫力。

鴨血豆腐湯

材料 豆腐、鴨血各50克，小白菜20克。

調料 麻油少許。

做法

1. 將小白菜洗淨，沸水焯過，撈出後切小段；將鴨血、豆腐洗淨，切塊。

2. 砂鍋內放適量清水，放入鴨血塊、豆腐塊，煮沸。

3. 待鴨血、豆腐快熟時，加入小白菜段，出鍋前滴入麻油即可。

 功效 鴨血富含蛋白質、鐵等，而且鐵的利用率達12%，可作為寶寶補鐵的重要食材之一。

豉香牛肉

材料 牛肉100克，豆豉10克。

調料 雞湯適量，豉油3克。

做法

1. 將牛肉洗淨，切成末；將豆豉用匙羹壓碎，加入少許水拌勻。

2. 鍋置火上，放油燒熱，下入牛肉末煸炒片刻，再下入碎豆豉、雞湯和豉油，攪拌均勻即可。

木耳炒肉片

材料 水發木耳50克，豬瘦肉60克。

調料 葱花、薑片各5克，鹽2克，生粉水10克。

做法

1. 將木耳洗淨，撕小朵；將豬瘦肉洗淨切片，加少許生粉水拌勻。

2. 鍋內留少許油，放入薑片、葱花、木耳，炒至快熟時，加入肉片，用中火炒勻，調入鹽，用生粉水勾芡即可。

蔬菜蛋包飯

材料 雞蛋2個，麵粉20克，彩椒15克，青瓜10克，熟米飯50克，熟芝麻5克。

調料 炸肉醬15克。

做法

1. 雞蛋攪散成蛋液；麵粉放入蛋液中，加水攪成麵糊，放油鍋烙至餅兩面微微發黃，出鍋；彩椒、青瓜分別洗淨，切條。

2. 熟米飯加熟芝麻拌勻；取一張餅，抹少許炸肉醬，放入米飯，用手壓平。

3. 米飯上放青瓜條、彩椒條，將蛋餅的下端向上翻折，再把兩邊向中間翻折，整個包起。

功效 這款蔬菜蛋包飯食材豐富、營養全面，可補鐵、補鈣、補鋅，還能增強食慾。

紅蘿蔔燴木耳

材料 紅蘿蔔150克，水發木耳50克。

調料 薑末、蔥末各5克，鹽2克，料酒、白糖、生抽各適量。

做法

1. 紅蘿蔔洗淨，去皮，切片；木耳洗淨，撕小朵。

2. 鍋置火上，倒油燒至六成熱，放入薑末、蔥末爆香，下紅蘿蔔片和木耳翻炒；加入料酒、生抽、鹽、白糖，翻炒至熟即可。

功效 木耳含鐵，搭配紅蘿蔔，不但可補鐵，還有利於促進視力發育。

牛肉炒西蘭花

材料 西蘭花100克，牛肉50克，紅蘿蔔40克。

調料 料酒、豉油各3克，生粉、蔥末、蒜蓉、薑末各5克，鹽1克。

做法

1. 牛肉洗淨，切薄片，加鹽、料酒、豉油、生粉醃漬15分鐘，放鍋中滑炒至變色，撈出瀝油；西蘭花擇洗乾淨，掰成小朵，洗淨，瀝乾；紅蘿蔔洗淨，去皮，切片。

2. 鍋內倒油燒熱，下蒜蓉、薑末、蔥末炒香，加入紅蘿蔔片、西蘭花翻炒，放入牛肉片，炒熟即可。

給寶寶科學補鋅，
媽媽應該知道的事兒

寶寶缺鋅的信號

　　缺鋅會影響寶寶機體正常代謝，使生長發育受到干擾，並帶來一系列的身體不適。那麼缺鋅究竟會有哪些表現呢？

異食癖，也就是喜歡亂吃奇奇怪怪的東西，如泥土、煤渣、紙屑、指甲、衣物等。

多動，注意力不集中，自我控制力差。

視覺黑暗適應能力差。

傷口不易癒合，易患皮膚病，頭髮枯黃易斷。

生長發育遲緩，身高增長值明顯低於同齡寶寶，同時伴有缺鐵性貧血。

抵抗力差，易患上呼吸道感染、慢性腹瀉等。

口腔潰瘍反復發作。

食慾不振。

是什麼偷走了寶寶體內的鋅

● 需求量增加

寶寶生長發育迅速，尤其是嬰兒對鋅的需求量相對較多，易出現鋅缺乏。比如早產兒可能因體內鋅貯存量不足，加之生長發育較快而容易導致鋅缺乏；寶寶感染、發熱，營養不良恢復期鋅的需求量也會增加，如果沒有及時補鋅，可能導致鋅缺乏。

● 飲食結構不合理，鋅丟失嚴重

鋅主要存在於動物性食物中，而有些家庭主要以植物性食物為主，且植物性食物中所含草酸、植酸、膳食纖維等會嚴重干擾鋅的吸收。

● 素食

有些寶寶從小就拒絕吃肉、蛋、奶及其製品，而海產品等動物性食物恰恰是含鋅量較高的食材。

● 消化道疾病影響吸收

慢性腸炎等消化道疾病影響鋅吸收。

這樣補鋅，寶寶從小不缺鋅

確定鋅的攝入量

年齡	每日鋅攝入量
0~6个月	2.0毫克
6個月~1歲	3.5毫克
1~4歲	4.0毫克
4~6歲	5.5毫克

注：以上數據參考《中國居民膳食指南（2016）》。

缺多少補多少

不同乳類含鋅的區別

乳類	含鋅量	吸收率
母乳	0.41±0.12毫克/100毫升（上海市區）	相對較高（母乳中存在一種小分子量的配位體與鋅結合，可促使鋅的吸收）
配方奶	4.4~6毫克/100毫升	不如母乳高
牛奶	0.4毫克/100毫升	相對較低

注：以上數據參考《新生兒營養學》《中國食物成分表》。

　　通過這些數據，大致可以算出寶寶的鋅攝入量為多少。在估計了從以上食物來源所攝入鋅量的基礎上，再決定寶寶是否需要補鋅。

　　比如0~6月齡寶寶，一天需要2.0毫克的鋅，寶寶的鋅來源是純母乳，媽媽每天足量哺乳就可以滿足寶寶一天的鋅需求量。

1~4 歲的寶寶，每天需要 4.0 毫克的鋅，每天的鋅來源主要包括

配方奶
500毫升
以普通配方奶為
例，約含3.0毫克鋅

蠔
30克
約含2.8毫克鋅

牛肉
30克
約含2.14毫克鋅

雞蛋1個
60克
約含0.66毫克鋅

通過計算，寶寶一天攝入的總鋅量為 8.6 毫克

哺乳期的媽媽、添加輔食後的寶寶都應儘量避免長期吃精製食品。飲食注意粗細搭配，多吃含鋅豐富的食物，如蠔、扇貝、海鮮等。食慾不佳、免疫力低的寶寶，尤其要多吃富含鋅的食物。

此外，除了以上重點補鋅食物，寶寶還會攝入一定量的穀類、綠葉蔬菜、水果等，這些食物也含鋅。如果不是醫生特別提示，寶寶一般不必額外補充鋅劑。

◇ 專家連線 ◇

鋅超標對寶寶的危害

鋅跟寶寶免疫系統、身高的發育有影響，鋅超標會造成銅離子的吸收困難，會導致低糖血症。不過，鋅中毒的寶寶在臨床上很少見。1~4歲的寶寶每天從食物和補鋅劑中能夠攝入4毫克鋅就可以了。4~6歲的寶寶每天需攝入5.5毫克。

不同階段的補鋅重點

把握初乳，珍貴的補鋅食物

初乳含鋅量高，新手媽媽一定要珍惜這些珍貴的「天然補鋅佳品」。產後30分鐘及早開奶，讓寶寶儘早吸吮。即使沒有奶水也儘量讓寶寶吸吮乳頭，以促進泌乳。很多媽媽經過寶寶吸吮就會下奶，有些媽媽會出現腫脹、發熱等，這時就要通乳了。

堅持母乳餵養至少 6 個月

提倡母乳餵養，至少也要母乳餵養6個月，然後逐漸改用代乳品餵養，如果有條件儘量堅持母乳餵養到2歲或更長。母乳中鋅的吸收率高，可達59.2%。因此，媽媽在均衡飲食的前提下，多補充高鋅食物就能保證寶寶的鋅需求。

兒科營養醫師指導　　媽媽實踐操作 DIY

1 媽媽要保證攝入充足的鋅，每天需攝入 12 毫克的鋅

2 每日哺乳 8~12 次

蠔100克　　　豬肝50克　　　松子25克

大米、蝦皮、鯽魚、雞肉、紅蘿蔔、菌菇、綠色蔬菜各適量

特別提醒　常吃核桃、瓜子等含鋅的零食，能起到較好的補鋅作用。主食不要過於精細，小麥等磨去麥芽和麥麩，成為精麵粉時，鋅已損失了大約80%。

7~12 個月輔食側重補鐵補鋅

7~12個月的寶寶每天鋅需求量雖然不多，但由於此時母乳中鋅含量在逐漸減少，所以及時添加富含鋅輔食非常重要。因此，在輔食添加初期，選擇強化鐵的米粉以及肉類，又要注意補鋅。

兒科營養醫師指導　媽媽實踐操作 DIY

1 7~9 月齡每日需補充

母乳量≥600毫升

特別提醒　配方奶餵養的寶寶，因配方奶的鋅吸收率相對較低，可適量吃些堅果。

2 10~12 月齡每日需補充

每週2~3次海鮮，及1~2次動物肝臟，每天輔食餵養2~3次，輔食可以包含如下類別，可自行替換同類食物（比如蠔替換為扇貝，豬肝替換為豬腎等）

蠔30克

南瓜50克

豬肝30克

鯽魚50克

1~2 歲增加海產品攝入量

1~2歲可適當增加蠔、扇貝、蜆等的攝入，以每日40~75克為宜。注意將海鮮切碎煮爛，易於咀嚼、吞嚥和消化，特別注意要完全去皮除骨。

3~6 歲逐漸增加粗糧的攝入

這一年齡段的寶寶，在增加海鮮等水產品攝入量的基礎上，逐漸增加主食中粗糧的比例，如燕麥、小米、豆類等，它們也是鋅的良好來源。未加工過或半加工的粗糧，保留了大部分或全部鋅，除了使寶寶每天的鋅攝入量大大增加之外，還有助於實現食物多樣化。

兒科營養醫師指導	媽媽實踐操作 DIY
早餐	牛奶饅頭1個+燕麥粥1碗+四喜黃豆1碟
加餐	蘋果50~100克+松子適量
午餐	五彩飯糰50克+蔬菜卷120克+鮮蠔豆腐湯1碗
加餐	鮮果沙律1盤
晚餐	雞肝小米粥1碗+肉釀蘑菇1碟+紅蘿蔔豆漿1杯
睡前約 1 小時	牛奶250克

特別提醒　少給寶寶吃反復加工、過於精製的食品。大多數寶寶鋅缺乏的主要原因是食用精製食品過多，某些地區的寶寶海產品食用量過少。

兒科營養師
小課堂

幾個補鋅謬誤，新手寶媽別中招

兒科營養師答：很多家長覺得鋅對寶寶的健康有益，不管缺不缺都使勁地給寶寶吃各種含鋅製劑。殊不知，補鋅過量也會帶來許多不良後果。事實上，對於一個飲食平衡，尤其是蛋白質攝入合理的寶寶而言，一般是不會缺鋅的。但是，與成人相比，寶寶比較容易缺鋅，生長發育快是一個原因，主要還是因為部分寶寶往往有挑食、偏食的毛病。

兒科營養師答：有些家長在寶寶出生時就為他補鋅，這種做法是錯誤的。一般寶寶在哺乳期間不需服用補鋅的產品，如果在醫院檢查血液發現確實缺鋅，媽媽可以服用鋅製劑，通過母乳給寶寶補鋅。

此外，補鋅也不需要長期服用補鋅的產品，最好一年補充一個週期。總之，家長最好首先帶寶寶到醫院做一個檢查，不缺不補，缺多少補多少，千萬不要過量。

兒科營養師答：許多家長喜歡給寶寶補鈣鋅合劑或者鈣鐵鋅合劑，以為可以一次同時補充了幾種營養元素。實際上，國際醫學界對鈣、鐵、鋅在人體吸收過程的研究發現，在服用含鈣、鐵、鋅的複合劑時，鐵、鋅降低了鈣的吸收，而鐵和鋅幾乎不被吸收。

所以家長們在選擇補鋅產品時，最好找那種針對性強的補鋅產品，千萬不要為了方便就多種礦物質一起補，否則補再多也是白費力氣。

食物補鋅，寶寶食慾好、眼睛亮、頭腦靈活

補鋅明星食材

蠔

補鋅指數 ★★★★★
補鋅首選

食用時間 6個月以後
推薦用量 .... 每日40~75克
保存方式 .... 冷凍

補鋅原理　蠔含鋅豐富，同時鈣、維他命A、硒含量也很高，寶寶補鋅吃蠔還有助於視力發育。

最佳拍檔

早餐		
	蠔 40克	 蝦皮10克 含鈣

補鋅、補鈣

晚餐		
	蠔 30克	 豬肉30克 含鐵

補鋅，補鐵

營養提醒　如果蠔不新鮮，容易引起食物中毒。蠔不宜長期食用，以免引起消化不良。

扇貝

補鋅指數 ★★★★★
增進食慾

食用時間 6個月以後
推薦用量 .... 每日40~75克
保存方式 .... 冷凍

補鋅原理

扇貝富含鋅、鉀、鐵等礦物質，寶寶常食扇貝有助於增進食慾，調節免疫力，還可促進視力發育。

最佳拍檔

早餐

扇貝
40克

韭菜20克
含膳食纖維

補鋅，促進腸道蠕動

晚餐

扇貝
20克

冬瓜30克
清熱解暑

增進食慾、清熱解暑

營養提醒

將扇貝解凍時建議把它們放入煮沸的牛奶（已從爐子上拿開）中，或者先放入雪櫃冷藏室內解凍。

蜆

補鋅指數　★★★★★
促進生殖器官正常發育

食用時間 1歲以後
推薦用量 .... 每日30~100克
保存方式 .... 冷凍

| 補鋅原理 | 蜆富含鋅、鈣、磷等礦物質，寶寶常食可促進生殖器官、骨骼正常發育。同時，蜆含有的牛磺酸可幫助膽固醇代謝，預防寶寶肥胖。 |

最佳拍檔

| 早餐 |  | 蜆
60克 |  | 豆腐20克
含鈣 |

補鋅，補鈣

| 晚餐 |  | 蜆
20克 |  | 綠豆芽30克
清熱解暑 |

補鋅，清熱解暑

| 營養提醒 | 蜆最好提前一天用水浸泡，讓它吐乾淨泥沙。受涼感冒、體質陽虛、脾胃虛寒、腹瀉便溏、寒性胃痛腹痛的寶寶不宜食用蜆。 |

鯉魚

補鋅指數　★★★★★
健腦、明目

食用時間 6個月以後
推薦用量 .... 每日40~75克
保存方式 .... 冷凍

補鋅原理　鯉魚含鋅較豐富，同時含有維他命A，寶寶常食有很好的明目效果。

最佳拍檔

早餐　　鯉魚30克　　　紅棗4枚補鐵

補鋅明目，預防缺鐵性貧血

晚餐　　鯉魚30克　　　冬菇20克含膳食纖維

補鋅，促進腸道蠕動

營養提醒　避免給寶寶吃大型掠食性魚類，包括鯊魚、旗魚、金鯖魚、方頭魚等，因為它們可能汞超標。

鯽魚

補鋅指數　★★★★★
維持味覺和食慾

食用時間 6個月以後
推薦用量 .... 每日40~75克
保存方式 .... 冷凍

補鋅原理　鯽魚肉質細膩，含鋅、鈣、磷、鐵等礦物質、多種維他命以及不飽和脂肪酸，有助於維持味覺和

最佳拍檔

早餐　　鯽魚
40克　　花生15克
健腦益智

營養互補，促進智力發育

晚餐　　鯽魚
30克　　蘑菇30克
含膳食纖維

補鋅，防止大便乾燥

營養提醒　冬令時節食之最佳。煮湯時一定要加開水，只有這樣才能煮出奶白色的魚湯來。

雞肉

補鋅指數 ★★★★
促進大腦發育

食用時間 6個月以後
推薦用量 .... 每日40~75克
保存方式 .... 冷凍

補鋅原理

雞肉中的鋅、磷等礦物質含量豐富,常食可促進體格生長、大腦發育,還能增強對疾病的抵抗能力。

最佳拍檔

早餐

雞肉
40克

金菇30克
含膳食纖維

補鋅,促進腸道蠕動

晚餐

雞肉
35克

檸檬適量
抗菌消炎

補鋅,調節免疫力

營養提醒

帶皮的雞肉含脂肪較多,所以比較肥的雞應該去掉雞皮再烹製。

小米

補鋅指數 ★★★
補鋅

食用時間 6個月以後
推薦用量 每日50克
保存方式 放在陰涼、乾燥、通風較好
的地方

補鋅原理
小米含鋅、鈣、磷等礦物質和B族維他命，有健脾養胃、補虛強體的作用。

最佳拍檔

早餐　　小米
　　　　30克

核桃適量
增強記憶力

補鋅，益智

晚餐　　小米
　　　　20克

蘋果30克
含維他命

補充鋅、維他命

營養提醒
平時喝小米粥可以搭配豬肝蓉、雞蛋黃、海產品等，補鋅效果更佳。

大米

補鋅指數　★★★
增強抵抗力

食用時間 6個月以後
推薦用量 .... 每日50~100克
保存方式 ....,,,,,放在陰涼、
乾燥、通風較好的地方

| 補鋅原理 | 大米中鋅、鉀、鎂等礦物質含量較高，經常喝大米粥有健胃、生津的作用，還有助於補鋅。 |

最佳拍檔

午餐
 大米
50克
 花生適量
益智

補鋅、健腦益智

晚餐
 大米
50克
 鯉魚50克
含維他命A

補鋅，明目

| 營養提醒 | 煮大米粥時不要放鹼，否則會導致大米中的維他命丟失。 |

黃豆

補鋅指數　★★★
促進皮膚傷口癒合

食用時間 1歲以後
推薦用量 .... 每日30~50克
保存方式 .... 放置在無陽光直射、
乾燥的地方

補鋅原理　黃豆含鋅等多種礦物質及多種人體必需氨基酸，可促進皮膚創傷癒合，還能緩解小兒便秘。

最佳拍檔

早餐	 黃豆 30克	豬肝適量 補鐵

補鋅、補鐵

晚餐	 黃豆 20克	 茄子50克 含維他命

補鋅，維他命

營養提醒　黃豆不易消化、吸收，故消化不良的寶寶不宜過多食用。

綠豆

補鋅指數　★★★
避免細菌感染

食用時間 7個月以後
推薦用量 .... 每日30~50克
保存方式 .... 將綠豆在日光下
曝曬5小時，然後趁熱密封保存

補鋅
原理　　綠豆含鋅、鈣、鐵等多種礦物質，常食可調節免疫力。

最佳拍檔

午餐	 綠豆 30克	海帶30克 含碘

補鋅，補碘

晚餐	綠豆 20克	大米30克 含碳水化合物

補鋅，促進成長

營養
提醒　　綠豆性寒，讓寶寶空腹喝涼綠豆湯容易發生脾胃損傷，尤其是體質寒涼的寶寶更不能空腹食用綠豆。

花生

補鋅指數 ★ ★ ★
促進智力發育

食用時間 1歲以後
推薦用量 .... 每日30~50克
保存方式 ....放在陰涼、乾燥、通風處

補鋅原理　花生富含鋅和不飽和脂肪酸，常食花生有助於促進智力發育。

最佳拍檔

早餐	 花生 40克	紅棗3枚 補鐵

補鋅、補鐵

晚餐	花生 10克	 核桃20克 健腦益智

補鋅，健腦益智

營養提醒　花生有很多吃法，從營養方面考慮，以燉煮的烹飪方式為佳，也可以做成花生豆漿、花生糊給寶寶吃。

松子

補鋅指數　★★★
益智、明目、通便

食用時間 1歲以後
推薦用量 .... 每日10~30克
保存方式 .... 用密閉容器密封

補鋅原理　松子富含鋅，每天適量食用可維持正常食慾，增強抵抗力，還含不飽和脂肪酸，能促進寶寶大腦、神經系統發育。

最佳拍檔

午餐	 松子 20克	 豬肉50克 富含蛋白質

補鋅，有利於大腦發育

晚餐	 松子 10克	 粟米20克 明目、通便

補鋅，維持食慾正常，明目通便

營養提醒　松子不要吃得太多，否則會導致寶寶發胖，因為松子脂肪含量較高。

核桃

補鋅指數 ★★★
有利於智力發育

食用時間 6個月以後
推薦用量 .... 每日15~30克
保存方式 裝入布袋或麻袋內，放在通
風、乾燥、陰涼處

補鋅 原理	核桃富含鋅、磷等多種礦物質，還含亞油酸、DHA。寶寶常食 核桃能補充大腦所需營養，具有很好的健腦益智功效。

最佳拍檔

 核桃
20克 杏仁30克
益智

早餐

補鋅，益智

 核桃
10克 百合50克
含生物鹼

晚餐

補鋅，安神健腦

營養 提醒	容易上火的寶寶不宜多吃核桃，核桃中的油脂含量較高，一旦吃多了 容易上火。

鴨蛋

補鋅指數　★★★
補腦、明目

食用時間 8個月以後
推薦用量 每日1個
保存方式 ....存放時要大頭朝上，
小頭在下

補鋅原理

鴨蛋富含卵磷脂及鋅、鈣、磷等礦物質，可增強記憶力、增進食慾。

最佳拍檔

午餐		鴨蛋 1/2個	銀耳10克 提高肝臟解毒能力

補鋅，補腦，排毒

晚餐		鴨蛋 1/2個	 木耳10克 補血、緩解便秘

補鋅，增進食慾，清理腸胃

營養提醒

中醫認為，鹹鴨蛋有清肺火的功效，其營養很容易被吸收，不過要注意跟其他食物搭配來吃。

蘑菇

補鋅指數 ★ ★ ★
調節免疫力

食用時間 6個月以後
推薦用量 每日50克
保存方式 .... 新鮮蘑菇用保鮮
袋裝起來，冷藏保存，需要時不時拿
出來透透氣以防止腐爛

**補鋅
原理**

蘑菇富含鋅、鈣、鐵、鎂等礦物質及膳食纖維，可調節免疫力，
促進胃腸道蠕動，還能增進寶寶食慾。

最佳拍檔

午餐	 蘑菇 30克	 冬瓜30克 預防肥胖

補鋅，增食慾，預防肥胖

晚餐	 蘑菇 20克	 豬肉30克 補鐵和蛋白質

補鋅，補鐵，促進生長發育

**營養
提醒**

最好吃鮮蘑菇，市場上有泡在液體中的袋裝蘑菇，食用前一定要多漂
洗幾遍，以去掉上面的化學物質。

菠菜

補鋅指數 ★★★
維持視力正常

食用時間 6個月以後
推薦用量 .... 每日50~100克
保存方式 ....將葉子略微
沾一點水，用紙包起來，裝進保鮮袋
冷藏

補鋅原理

菠菜富含鋅、鈣、鐵、胡蘿蔔素，能維護正常視力，還能促進新陳代謝。

最佳拍檔

早餐

菠菜
50克

豬肝15克
含鐵、鋅

補鋅，預防缺鐵性貧血

晚餐

菠菜
20克

蠔50克
含鋅

雙重補鋅

營養提醒

菠菜含有草酸，影響人體對鈣的吸收。在吃菠菜前，可先用水煮一下，這樣既可保全菠菜的營養成分，又除掉了大部分草酸。

韭菜 補鋅指數 ★★★
改善食慾不振

食用時間 6個月以後

推薦用量 .... 每日50~80克

保存方式 .... 洗淨切段，

瀝乾水分，裝入膠袋冷藏

補鋅原理 韭菜是鋅、鐵、鉀、膳食纖維的來源，可增強消化功能，增進食慾，常食還可預防便秘。

最佳拍檔

| 午餐 |  韭菜 50克 | 蝦仁30克 含維他命A、蛋白質 |

補鋅，增食慾，明目

| 晚餐 |  韭菜 20克 | 鵪鶉蛋50克 含卵磷脂 |

補鋅，促進腦神經發育

營養提醒 寶寶腸胃功能發育還不夠健全，飲食不宜重口味，吃韭菜的時候應儘量避免高油高溫烹飪。

椰菜花 _{補鋅指數} ★ ★ ★
保持正常味覺

食用時間 6個月以後
推薦用量 .... 每日30~80克
保存方式 ....冷藏，最好不要存放
3天以上

補鋅原理

椰菜花含鋅等礦物質。

最佳拍檔

午餐

椰菜花
50克

粟米30克
含葉黃素

補鋅，增強記憶力，明目

晚餐

椰菜花
30克

豬肉15克
含蛋白質

補鋅，促進生長發育

營養提醒

吃之前建議將椰菜花放在鹽水裡浸泡15~20分鐘，菜蟲就跑出來了，還有助於去除殘留農藥，然後反復用流動的水沖洗。

紅蘿蔔

補鋅指數　★ ★ ★
有助於改善夜盲症

食用時間 6個月以後
推薦用量 ....每日50~80克
保存方式 ....放陰涼處保存

補鋅原理	紅蘿蔔含的胡蘿蔔素，進入體內後轉變為維他命A，含的鋅參與維他命A和視黃醇結合，促進蛋白的合成，常食可保護視力。

最佳拍檔

午餐　　紅蘿蔔40克　　鱸魚50克 含銅、鋅

補鋅，明目，維持神經系統正常功能

晚餐　　紅蘿蔔30克　　黃豆15克 含皂苷和蛋白質

補鋅，預防肥胖

營養提醒	烹製時最好不要放醋，否則會使胡蘿蔔素遭到破壞。

蘋果

補鋅指數　★ ★ ★
開胃促食

食用時間 6個月以後
推薦用量 .... 每日30~100克
保存方式 ....放在陰涼處
可以保持7~10天的新鮮

**補鋅
原理**　蘋果含鋅、磷、鈣、維他命等，有「記憶果」之稱，常食可增強記憶力，提高智力，促進生長發育。

最佳拍檔

午餐		蘋果 40克		番茄50克 含維他命C

補充鋅、維他命C

晚餐		蘋果 30克		洋蔥15克 殺菌

補鋅，調節免疫力

**營養
提醒**　蘋果的吃法很多，如做水果湯或榨汁，蘋果燉魚，製作蘋果茶等都不錯，利於補鋅。

補鋅明星食譜

鮮蠔豆腐湯

材料 鮮蠔80克，豆腐150克。

調料 鹽2克，葱末5克，麻油1克，生粉
水10克，魚高湯適量。

做法

1. 豆腐洗淨，切塊；鮮蠔洗淨，瀝乾。

2. 鍋內倒油燒熱，爆香葱末，放入魚高
湯大火煮開，下豆腐塊煮熟，再放入
鮮蠔煮1分鐘，加入鹽調味，倒入生粉
水勾芡，淋入麻油即可。

清燉鯽魚

材料 鯽魚500克，乾冬菇25克。

調料 鹽2克，葱段、薑絲、芫茜末各5
克。

做法

1. 將鯽魚去鱗、內臟，洗淨；乾冬菇用
水泡發，去蒂，洗淨切絲。

2. 鍋置火上，倒油燒至六成熱，下薑絲
略炒，放入鯽魚略煎，倒入冬菇絲和
適量清水，大火煮開後轉小火燉至湯
白，加鹽、葱段、芫茜末即可。

牛肉小米粥

材料 小米100克，牛肉50克，紅蘿蔔20克。

調料 薑末5克，鹽2克。

做法

1. 小米淘洗乾淨；牛肉洗淨，切末；紅蘿蔔洗淨，去皮，切丁。

2. 鍋置火上，加適量清水燒沸，放入小米、紅蘿蔔丁，大火煮沸後轉小火煮至小米開花，加牛肉末煮沸，加薑末、鹽稍煮即可。

花生燉豬蹄

材料 花生米150克，豬蹄1隻。

調料 蔥段、薑片各5克，鹽、料酒各適量。

做法

1. 將豬蹄刮洗乾淨，劈成兩半；花生米洗淨，浸泡備用。

2. 鍋內倒入清水，放豬蹄、花生米、蔥段、薑片、料酒，用大火燒開，撇去浮沫，轉用小火慢燉至豬蹄軟爛，加鹽調味即可。

功效 花生含鋅，不但能增強記憶，還能滋潤皮膚，與豬蹄搭配，可通乳。

花生紅豆湯

材料 紅豆30克，花生米50克。

調料 糖桂花5克。

做法

1. 紅豆與花生米洗淨，浸泡2小時。

2. 將泡好的紅豆與花生米連同清水一併放入鍋中，大火煮沸。

3. 轉用小火煮1小時，放入糖桂花攪勻即可。

功效 紅豆富含蛋白質、碳水化合物、膳食纖維，與花生搭配可補鋅，潤腸通便，對產後瘦身有益。

三絲黃花湯

材料 乾黃花菜50克，鮮冬菇5朵，冬筍30克，紅蘿蔔25克。

調料 鹽2克，白糖5克。

做法

1. 將乾黃花菜放入溫水中泡軟，揀去老根洗淨，瀝乾水分；鮮冬菇、冬筍、紅蘿蔔均洗淨，切絲。

2. 鍋內倒油燒熱，放入黃花菜和冬菇絲、冬筍絲、紅蘿蔔絲快速煸炒，加入清水，小火煮至入味，加鹽、白糖調味即可。

功效 紅豆富含蛋白質、碳水化合物、膳食纖維，與花生搭配可補鋅，潤腸通便，對產後瘦身有益。

冬菇紅蘿蔔麵

材料 拉麵150克，鮮冬菇、紅蘿蔔各30
克，菜心100克。

調料 鹽1克，葱花5克。

做法

1. 菜心洗淨，切段；鮮冬菇、紅蘿蔔洗
淨，切片。

2. 鍋內倒油燒熱，爆香葱花，加紅蘿蔔
片，翻炒，加足量清水大火燒開，放
入拉麵煮熟，加入鮮冬菇片和菜心段
略煮，加鹽調味即可。

海鮮周打濃湯

材料 鮮蝦、蜆各6個，墨魚50克，煙肉
2片，洋葱、萵筍、紅蘿蔔各30
克，鮮奶油20克。

調料 香葉、蒜蓉各5克，鹽1克。

做法

1. 鮮蝦處理乾淨；蜆入淡鹽水中吐淨泥
沙，洗淨；墨魚洗淨，切塊；煙肉切
丁；洋葱剝外皮，洗淨，切碎；萵
筍、紅蘿蔔洗淨，切丁。

2. 鍋置火上，放入鮮奶油燒化，炒香洋葱
碎、蒜蓉、香葉，倒入煙肉丁、萵筍丁
和紅蘿蔔丁翻炒至煙肉丁變色，淋入
水，煮至湯汁略稠，放入鮮蝦、蜆、墨
魚塊煮5~6分鐘，加鹽調味即可。

冬菇燉蒸雞

材料 淨土雞300克,乾冬菇15克。

調料 薑片8克,鹽2克。

做法

1. 淨土雞洗淨,斬小塊,放入開水中焯去血水後放入砂鍋中,加入適量清水和薑片,上鍋蒸30分鐘,放入燉鍋中。

2. 乾冬菇去蒂,用水泡發,洗淨,然後放入燉雞鍋中,繼續燉10分鐘,加鹽調味即可。

 功效 冬菇與雞肉搭配可補鋅,還可促進乳汁分泌。

百合瑤柱蘑菇湯

材料 瑤柱50克，枸杞子、乾冬菇各5克，雞蛋1個，乾百合、菊花各少許。

調料 鹽2克，豉油5克，高湯適量。

做法

1. 瑤柱洗淨，泡5小時，變軟後取出瀝乾；雞蛋打散成蛋液；乾冬菇泡發，洗淨，瀝乾，去蒂，切絲；乾百合和枸杞子洗淨，浸泡至變軟；菊花洗淨。

2. 鍋內加適量水和高湯，煮沸後加瑤柱、冬菇絲、百合、枸杞子煮熟，將蛋液慢慢倒入鍋中，稍煮後放豉油和鹽調味，撒上菊花即可。

雞絲豌豆湯

材料 雞胸肉200克，豌豆50克。

調料 高湯、鹽、麻油各適量。

做法

1. 將雞胸肉洗淨，入蒸鍋蒸熟，取出撕成絲，放入湯碗中。

2. 將豌豆洗淨，入沸水鍋中焯熟，撈出瀝乾水分，放入盛雞絲的湯碗裡。

3. 鍋置火上，倒入高湯煮開，加鹽調味，澆入已盛雞絲和豌豆的湯碗中，淋上麻油即可。

溜魚片

材料 淨鯉魚肉300克，水發木耳20克。

調料 料酒、生抽各10克，葱段、蒜
片、薑絲各5克，白糖、鹽各2
克，生粉、生粉水各適量，麻油
少許。

做法

1. 將淨鯉魚肉切片，用生粉、料酒抓
勻；將水發木耳洗淨，撕成小朵。

2. 鍋置火上，倒入清水燒開，下魚片焯
熟後撈出控乾；木耳入開水焯一下，
撈出備用。

3. 鍋內倒油，燒至五成熱，下葱段、蒜
片、薑絲爆香，倒入魚片，加生抽、
料酒、鹽、白糖調味，倒入木耳翻炒
均勻後，用生粉水勾芡，淋麻油調味
即可。

西蘭花鱈魚蓉

材料 淨鱈魚肉30克，西蘭花50克。

做法

1. 將鱈魚洗淨，放入沸水中焯燙，剝去魚皮，挑淨魚刺；西蘭花洗淨，切小朵，用沸水焯一下。

2. 將鱈魚肉搗成蓉；西蘭花朵切成末。

3. 將鱈魚蓉和西蘭花末混合，團成球狀即可。

菠菜雞肝蓉

材料 菠菜15克，雞肝30克。

做法

1. 雞肝清洗乾淨，去膜，去筋，剁碎成蓉狀；菠菜洗淨後，放入沸水中焯燙至八成熟，撈出，涼涼，切碎，剁成蓉狀。

2. 將雞肝蓉和菠菜蓉混合攪拌均勻，放入蒸鍋中大火蒸5分鐘即可。

功效 雞肝富含維他命A，可以使寶寶的眼睛明亮，維持寶寶正常的明暗視力。

番茄鱖魚蓉

材料　番茄30克，鱖魚50克。

調料　葱花3克。

做法

1. 番茄洗淨，去皮，搗成蓉；鱖魚洗淨，去除內臟、骨和刺，剁成魚蓉。

2. 鍋置火上，倒適量油燒熱，爆香葱花，放入番茄蓉煸炒。

3. 加適量清水煮沸，加入鱖魚蓉一起燒燉至熟即可。

雞肉青菜粥

材料 大米粥50克，雞肉末10克，青菜碎15克。

調料 雞湯15毫升。

做法

1. 鍋內倒油燒熱，將雞肉末煸炒至半熟。

2. 放入青菜碎，一起炒熟，盛出備用。

3. 將炒好的雞肉末和青菜碎放入大米粥內，加入雞湯熬成粥即可。

功效 雞肉富含鋅、優質蛋白質，與青菜搭配，還可補充多種維他命。

芋頭鯽魚蓉

材料 芋頭、粟米粒各50克，淨鯽魚肉20克。

做法

1. 芋頭洗淨，去皮，切成塊狀，蒸熟；淨鯽魚肉洗淨，蒸熟；粟米粒洗淨，煮熟，放入攪拌器中攪拌成粟米漿。

2. 用匙羹將熟芋頭塊、熟魚肉壓成蓉狀，放入粟米漿中，拌均勻即可。

功效 芋頭含有豐富的礦物質，能調節免疫力，與粟米搭配，可預防營養不良。

核桃燕麥米汁

材料 大米、燕麥片各50克,核桃仁20克。

做法

1. 大米淘洗乾淨,用清水浸泡2小時,燕麥片洗淨;核桃仁洗淨。

2. 將所有食材一同倒入全自動豆漿機中,加水至上下水位線之間,按下「豆漿」鍵,煮至豆漿機提示豆漿做好,過濾即可。

 功效 核桃仁富含鋅,與燕麥片搭配,不僅促進寶寶大腦發育,還能調節腸胃功能。

椰菜花雞肉糊

材料 大米20克，椰菜花30克，雞胸肉
10克。

做法

1. 將大米洗淨，浸泡20分鐘，放入攪拌
   器中磨碎。

2. 將椰菜花放入沸水中焯燙一下，去掉
   莖部，將花冠部分用刀切碎；雞胸肉
   剁成蓉狀，蒸熟。

3. 將磨碎的米和適量水倒入鍋中，大火
   煮開，放入椰菜花碎，轉成小火煮
   開。

4. 用過濾網過濾，取湯糊，加入雞肉
   蓉，攪拌均勻即可。

紅蘿蔔鱈魚粥

材料 紅蘿蔔、大米各25克，鱈魚40克。

做法

1. 大米洗淨；紅蘿蔔去皮，洗淨，切
   塊；鱈魚洗淨，切片。

2. 紅蘿蔔塊和鱈魚片放入鍋中蒸熟，分
   別壓成蓉；大米放入鍋中加適量清水
   煮熟。

3. 將紅蘿蔔蓉和鱈魚蓉碎放入大米粥中
   稍煮即可。

豆腐肉末粥

材料 豆腐30克，粳米50克，豬肉末10克。

做法

1. 將豬肉末放入油鍋中炒熟備用。

2. 粳米洗淨，放入鍋中，加適量水煮開。

3. 豆腐切小粒，放入鍋中繼續煮，米爛粥稠，加入熟的豬肉末攪拌即可。

粟米綠豆米糊

材料 大米40克，鮮粟米粒30克，綠豆20克，紅棗1枚。

做法

1. 綠豆淘洗乾淨，浸泡4小時；大米淘洗乾淨，浸泡30分鐘；紅棗洗淨，去核，切碎；鮮粟米粒洗淨。

2. 將上述食材倒入全自動豆漿機中，加水至上下水位線之間，按下「米糊」鍵，煮至豆漿機提示米糊做好即可。

魚頭湯

材料 鱅魚頭1個，葱段、薑片各適量。

做法

1. 將鱅魚頭收拾乾淨，然後洗淨、剖開，瀝乾水分。

2. 鍋置火上，倒油燒熱，放入魚頭兩面煎至金黃色，盛出。

3. 將煎好的魚頭放入砂鍋中，加200毫升溫水、葱段、薑片大火煮開，轉小火煮至湯色變白、魚頭鬆散，熄火，將湯過濾即可。

南瓜鱸魚糊

材料 大米20克，南瓜30克，淨鱸魚肉 10克。

做法

1. 大米洗淨，浸泡20分鐘，放入攪拌機中打碎。

2. 南瓜去子，帶皮洗淨；淨鱸魚洗淨，二者一同放入蒸鍋中蒸熟。

3. 把蒸熟的南瓜放入碗中，搗成蓉；魚肉放入碗中壓成蓉。

4. 把打碎的大米和適量水倒入鍋中，用大火煮開，小火煮熟，放入南瓜蓉、魚蓉，轉小火煮爛即可。

功效 南瓜與大米搭配，能調節免疫力。

雞蓉湯

材料 雞胸肉100克,雞湯300毫升。

調料 芫茜末少許。

做法

1. 將雞胸肉洗淨,剁成雞肉蓉,放碗中。

2. 將雞湯倒鍋中,大火燒開,將雞蓉倒入鍋中,用匙羹攪開後煮開,加入芫茜末調味即可。

 功效 雞肉含鋅等礦物質,常食可增強體質,調節免疫力。

雞湯餛飩

材料 雞肉50克,青菜70克,餛飩皮10張。

調料 雞湯、葱花各適量。

做法

1. 青菜擇洗乾淨,切成碎末;雞肉洗淨,剁成末,和青菜碎攪勻做餡,包入餛飩皮中。

2. 鍋中加水和雞湯,燒開,下入小餛飩,煮熟時撒上葱花即可。

 功效 雞肉在促進寶寶智力發育方面有較好的作用,搭配青菜,還有助潤腸通便,改善小兒便秘。

栗子蔬菜粥

材料 大米30克，栗子20克，小棠菜葉、粟米粒各10克。

做法

1. 大米洗淨，浸泡30分鐘；栗子去殼，搗碎；小棠菜葉洗淨，切碎；粟米粒洗淨。

2. 將大米、栗子碎和粟米粒放入鍋中，加適量清水，大火煮開，轉小火煮熟，放小棠菜葉碎稍煮即可。

 功效 栗子含多種礦物質，有鋅、鉀、鎂、鐵等，與小棠菜、粟米搭配，健脾益胃。

紅蘿蔔牛肉粥

材料 牛肉15克，紅蘿蔔30克，大米30克。

做法

1. 牛肉洗淨，剁碎；紅蘿蔔去皮，切丁；大米洗淨，浸泡30分鐘。
2. 鍋置火上，放適量水燒開，加大米煮開，轉小火熬粥。
3. 待粥將熟時，放入牛肉碎、紅蘿蔔丁，煮至熟即可。

 功效 紅蘿蔔可促進寶寶視力發育，與牛肉搭配，還有助於預防缺鐵性貧血。

黑芝麻小米粥

材料 小米50克，黑芝麻10克。

做法

1. 黑芝麻洗淨，晾乾，研成粉末；小米洗淨。
2. 鍋置火上，加適量清水，放入小米大火燒沸，轉小火熬煮。
3. 小米熟爛後，慢慢加入芝麻粉末，攪拌均勻即可。

蔬菜排骨湯麵

材料　番茄1個，菠菜20克，豆腐50克，
　　　　麵條15根。

調料　排骨湯少許。

做法

1. 將番茄洗淨，去皮後切碎；將菠菜洗
　　淨，焯水，取菠菜葉切碎；將豆腐洗
　　淨，壓碎。

2. 將排骨湯放入鍋中煮沸，倒入番茄碎
　　和豆腐碎，待湯略沸時加入麵條，煮
　　至麵條熟，放入菠菜碎略煮即可。

 這款湯麵礦物質豐富，易消化，很
適合寶寶晚餐食用。

魚肉青菜粥

材料 大米50克，魚肉蓉50克，時令青菜30克。

做法

1. 大米洗淨，放入鍋中，倒入清水用大火煮開，轉小火熬煮至粥稠待用。

2. 青菜洗淨，用開水燙一下，切成小段，與魚肉蓉一起放入粥內，用小火煮熟即可。

功效 魚肉、大米都富含鋅，有助於調節寶寶免疫力，強筋健骨，搭配富含膳食纖維的青菜，能潤腸通便，改善便秘。

雞絲粥

材料 熟雞胸肉30克，大米粥35克，粟
米粒40克，紅燈籠椒20克。

做法

1. 將熟雞胸肉撕成小細絲狀；粟米粒洗
   淨，煮熟；紅燈籠椒洗淨，去蒂去
   子，切小粒。

2. 將粟米粒、紅燈籠椒粒、雞絲加入大
   米粥中稍煮即可。

生菜蝦仁粥

材料 大米100克，生菜、蝦仁各50克，
雞湯250克。

做法

1. 生菜洗淨，切片；蝦仁洗淨，焯水。

2. 鍋置火上，倒入雞湯和適量清水煮
   開，加入大米，用大火煮沸，轉小火
   熬煮至黏稠，放蝦仁，略煮片刻，加
   生菜片稍煮即可。

功效　雞肉中富含煙酸和B族維他命，有
益於消化。

功效　蝦仁富含蛋白質、鋅、鈣等，生菜
含多種維他命，二者搭配，對視力
發育及增進食慾有益。

黃花菜瘦肉粥

材料 大米、豬瘦肉各50克，黃花菜10
克。

做法

1. 大米洗淨，撈出，瀝乾；豬瘦肉洗
淨，切小丁；黃花菜洗淨，切小丁。

2. 鍋內加水，放入大米煮至滾，用小火
慢慢熬煮，待粥稠後加入豬肉丁、黃
花菜丁煮沸即可。

 功效 黃花菜含有極為豐富的胡蘿蔔素、
維他命C、鈣、氨基酸等，與豬肉
搭配，能夠保護寶寶的視力，提高
寶寶抵抗力，還有消食的作用。

紅蘿蔔雞蛋碎

材料 紅蘿蔔50克，雞蛋1個。

調料 生抽少許。

做法

1. 紅蘿蔔洗淨，去皮，上鍋蒸熟，切碎。
2. 雞蛋帶殼煮熟，去殼，切碎。
3. 將紅蘿蔔和雞蛋碎混合攪拌，滴上生抽即可。

蝦仁椰菜花

材料 椰菜花60克，鮮蝦仁20克。

做法

1. 椰菜花取花冠，洗淨，放入開水中煮軟；蝦仁洗淨，切碎。
2. 鍋內加水，放入蝦仁碎煮熟。
3. 將椰菜花放入蝦肉湯中煮熟即可。

 功效 紅蘿蔔中的胡蘿蔔素能調節免疫力，也能促進寶寶視力發育。

 功效 蝦仁含有豐富的優質蛋白質和鈣，與椰菜花搭配可促進身體發育。

瑤柱蒸蛋

材料 雞蛋1個，瑤柱20克。

調料 葱末3克，鹽1克。

做法

1. 瑤柱泡軟後切碎；雞蛋打散。
2. 將瑤柱、鹽加入雞蛋液中，加適量水拌勻，放入蒸籠中，用小火蒸10分鐘。
3. 在蒸好的蛋中，撒上葱花即可。

功效 瑤柱含豐富的氨基酸、多種礦物質，與雞蛋搭配，營養更為全面。

蘑菇奶油燴小棠菜

材料 小棠菜80克，嫩芹菜10克，蘑菇碎15克，奶油20克。

調料 鹽1克，牛油5克。

做法

1. 鍋置於小火上，倒入奶油，煮約5分鐘後加入蘑菇碎，煮熟後盛出備用。

2. 小棠菜洗淨後，倒入開水中焯一下，撈出瀝乾，切碎；嫩芹菜洗淨，倒入開水中焯燙，撈出後切成細絲。

3. 將奶油、蘑菇碎、牛油、鹽倒在一起，攪拌均勻，再加入小棠菜碎、芹菜絲，攪拌均勻後倒入鍋中，小火燉15分鐘即可。

肉末紅蘿蔔青瓜丁

材料 豬瘦肉、紅蘿蔔、青瓜各25克。

調料 葱末、薑末各3克，豉油5克。

做法

1. 豬瘦肉洗淨，切碎，放葱末、薑末、豉油拌勻；紅蘿蔔、青瓜洗淨，切丁。

2. 鍋內倒油燒熱，放入豬瘦肉碎煸炒片刻，放入紅蘿蔔丁，炒1分鐘，再放入青瓜丁稍炒即可。

 功效 豬肉纖維較細，含有優質蛋白質和脂肪，搭配紅蘿蔔，有助於促進寶寶視力發育，還可以改善寶寶缺鐵性貧血。

水果沙律

材料 蘋果50克，橙15克，葡萄乾5克，
酸奶15克。

做法

1. 蘋果洗淨後去皮去核，切小塊；葡萄
   乾泡軟；橙去皮去子，切小塊；將蘋
   果塊、葡萄乾、橙塊一起盛到盤子
   裡。

2. 將酸奶倒入水果盤裡攪拌均勻即可。

功效 蘋果富含的維他命、礦物質，營
養比較全面。橙富含維他命C，
能調節免疫力。

雞肝小米粥

材料　鮮雞肝、小米各40克。

調料　香葱末、鹽各1克。

做法

1. 鮮雞肝洗淨，切碎；小米淘洗乾淨。

2. 鍋中倒水燒開，放入小米煮開，轉小
   火煮至小米開花，放入雞肝碎；稍煮
   即可。

3. 粥煮熟之後用鹽調味，再撒上香葱末
   即可。

木耳蒸鴨蛋

材料　木耳25克，鴨蛋1個。

調料　白糖少許。

做法

1. 將木耳泡發後洗淨，切碎。

2. 鴨蛋打散，加入木耳碎、白糖，添少
   許水，攪拌均勻後，隔水蒸熟。

 功效　雞肝、小米都富含鐵、鋅，可促
進智力發育，同時還可補鐵。

 功效　木耳和鴨蛋均有滋陰潤肺的功效，
一起搭配食用，對緩解寶寶咳嗽很
有好處。

魚肉豆芽粥

材料　大米50克，去刺魚肉30克，豆芽20克。

調料　葱花3克，洋葱5克。

做法

1. 大米淘洗乾淨，浸泡30分鐘；魚肉洗淨，搗碎；豆芽頭部搗碎，莖部切成5毫米的小丁；洋葱切碎。

2. 把大米放入開水鍋中熬至粥熟，放入魚肉碎、豆芽頭碎、豆芽莖丁、洋葱碎、葱花，小火稍煮即可。

雞蛋菠菜蓉

材料 菠菜20克，雞蛋1個。

做法

1. 將菠菜洗淨，用沸水焯一下，撈出後切碎；雞蛋打散備用。
2. 在雞蛋液中加入菠菜碎，攪勻。
3. 鍋中加油，燒熱，加雞蛋液，煎至雙面成型即可。

韭菜炒鴨肝

材料 鴨肝50克，韭菜60克，紅蘿蔔40克。

調料 豉油、鹽各適量。

做法

1. 將紅蘿蔔洗淨，去皮，切條；將韭菜洗淨，切段；將鴨肝洗淨，切片，在沸水中焯燙，瀝乾，用豉油醃漬。
2. 炒鍋置火上，倒植物油燒熱，放入鴨肝片煸熟，盛出待用。
3. 鍋留底油燒熱，倒入紅蘿蔔條和鴨肝片翻炒，加入韭菜段翻炒片刻，調入鹽略炒即可。

 菠菜能促進寶寶腦神經的發育，同時可以預防缺鐵性貧血；雞蛋黃有健腦益智的功效，很適合寶寶吃。

南瓜黃豆粥

材料 南瓜80克，黃豆15克，碎大米25克。

調料 鹽少許。

做法

1. 黃豆洗淨，泡30分鐘；南瓜洗淨，切塊；碎米洗淨，加少許鹽和橄欖油，醃30分鐘以上。

2. 鍋中加入醃好的碎米、黃豆、南瓜塊和適量清水，大火煮沸後換小火煮10分鐘即可。

功效 南瓜能夠保護寶寶腸胃和視力，還能預防佝僂病。黃豆能為機體提供優質蛋白質。

奶油菠菜

材料 菠菜50克，奶油15克。

調料 鹽、牛油各少許。

做法

1. 將菠菜洗淨，用沸水焯燙，撈出後切碎。

2. 鍋置火上，放適量牛油，燒化後倒入奶油，下菠菜碎炒2分鐘，加鹽調味即可。

功效 菠菜能維護視力健康，促進寶寶生長發育。

奶油蝦仁

材料 鮮蝦仁70克，奶油10克，雞蛋1個。

調料 鹽1克。

做法

1. 將蝦仁用水浸泡，挑去蝦線，洗淨，控乾水分；將雞蛋打入碗中，打散備用。

2. 鍋置火上，放油燒熱，下入蝦仁大火快炒，加入鹽，炒至蝦仁熟後盛出備用。

3. 將奶油倒入鍋中，小火煮5分鐘左右，加入雞蛋液，快速攪拌，將熟時加入蝦仁炒熟即可。

雞肉丸子湯

材料 雞肉50克，洋蔥10克，白菜15
克，蛋白1個。

調料 鹽2克，雞湯100克。

做法

1. 雞肉洗淨，剁成蓉；洋蔥去老皮，切
   碎；白菜洗淨，切碎。

2. 將雞肉蓉、洋蔥碎、白菜碎、蛋白和
   鹽攪勻，捏成直徑2厘米的丸子。

3. 鍋中加雞湯和水，燒開後加入雞肉丸
   子煮熟即可。

功效 雞肉是鋅、銅的良好來源，並具
有一定的抗氧化、解毒作用，在
促進寶寶智力發育上能起到很好
的作用。

鵪鶉蛋菠菜湯

材料 鵪鶉蛋4個，菠菜50克。

調料 鹽、麻油各少許。

做法

1. 將鵪鶉蛋洗淨，磕入碗中，打散；將菠菜擇洗乾淨，放入沸水中焯燙，撈出後瀝乾水分，切段。

2. 鍋置火上，倒入適量清水燒開，淋入鵪鶉蛋液攪成蛋花，放入菠菜段，加鹽攪拌均勻，淋上麻油即可。

香椿肉末豆腐

材料 香椿芽20克，豆腐50克，肉末10克。

做法

1. 香椿芽洗淨，切碎；豆腐沖洗後壓成豆腐蓉。

2. 鍋置火上，爆香肉末，下入香椿芽碎，然後放入豆腐翻炒3分鐘左右即可。

煙肉焗扇貝

材料 扇貝200克，煙肉30克。

調料 蒜、鹽、鮮法香、牛油各適量。

做法

1. 取出扇貝肉，洗淨泥沙，瀝乾水分，加鹽醃漬5分鐘；只留下一面扇貝殼，洗淨；煙肉切碎；鮮法香擇洗乾淨，切碎；蒜去皮，洗淨，切成蒜末。

2. 炒鍋置中火上，放入牛油燒至化，下入煙肉碎煸至出油，盛出瀝油；原鍋內放入扇貝肉煸炒至變色；洗淨的扇貝殼上放煸炒後的扇貝肉，撒上煙肉碎和蒜末，擺在烤盤裡。

3. 烤箱預熱至220℃，放入扇貝烘烤至蒜末色澤金黃，取出，撒上法香碎即可。

紅蘿蔔西芹雞肉粥

材料 大米80克，紅蘿蔔、雞肉各50克，
西芹20克。

調料 鹽、麻油各1克。

做法

1. 將大米淘洗乾淨，浸泡30分鐘；將
   紅蘿蔔洗淨，去皮，切絲；將西芹洗
   淨，切成末；將雞肉洗淨，切絲。

2. 鍋中放油，油熱後放入紅蘿蔔絲和西
   芹末翻炒，倒入雞絲炒至發白後盛
   出。

3. 另起鍋，鍋中加適量清水，倒入大米，
   大火煮沸後轉小火慢熬，煮至米粥熟
   爛後加入紅蘿蔔絲、西芹末、雞絲，
   再次煮開時加鹽和麻油調味即可。

茄汁黃豆

材料 黃豆100克，番茄50克。

調料 生粉水5克，鹽1克。

做法

1. 黃豆提前泡6小時，待完全泡開後倒掉
   泡豆的水；番茄洗淨，去皮，切塊。

2. 把黃豆放入砂鍋中，加水沒過黃豆，
   大火煮開後撇去浮沫，加鹽並轉小火
   煮，待黃豆煮至快軟爛時加入番茄
   塊，大火煮開後轉小火繼續煮。

3. 待番茄煮爛成汁且黃豆完全煮熟後，
   用大火收汁，加鹽調味，並用生粉水
   勾芡即可。

清蒸蠔

材料 新鮮蠔500克。

調料 生抽、芥末各適量。

做法

1. 新鮮蠔用刷子刷洗乾淨；生抽和芥末調成味汁。

2. 鍋內放水燒開，將蠔平面朝上、凹面向下放入蒸屜。

3. 蒸至蠔開口，再過3~5分鐘出鍋，蘸味汁食用即可。

奶油蘑菇煙肉麵

材料 斜管麵100克，洋蔥、淡奶油、蘑菇各30克，煙肉40克。

調料 蒜末、芝士粉各10克，白汁50毫升，鹽適量。

做法

1. 煙肉切片；蘑菇洗淨，切片。斜管麵煮熟後撈起，過水瀝乾，調入橄欖油拌勻備用；洋蔥洗淨，切碎。

2. 用油把蒜末和洋蔥碎炒香，再下入煙肉片炒香，然後加入蘑菇片翻炒。

3. 加入煮好的斜管麵炒香，然後調入淡奶油、白汁攪拌均勻。

4. 加鹽，炒至醬汁黏稠起鍋，盛入盤中，撒上芝士粉即可。

三文魚湯

材料 三文魚40克，豆腐50克，紫菜5克。

調料 葱花適量。

做法

1. 三文魚肉洗淨，切小塊；豆腐洗淨，切小塊；紫菜撕小片。

2. 鍋置火上，加水燒開，放入三文魚塊煮熟，加紫菜片、豆腐塊煮2分鐘，最後撒上葱花即可。

功效 三文魚肉質緊密鮮美，營養價值很高，**寶寶常食可促進大腦發育**、維持視力正常。此外，還可改善寶寶消化不良的症狀。

蜜汁烤雞翼

材料 雞中翼300克，白芝麻10克。

調料 蜂蜜15克，生抽、番茄醬、蒜蓉、
料酒各10克。

做法

1. 將雞中翼洗淨，用牙籤在每個雞翼上
   戳小洞。

2. 在碗中加入番茄醬及蜂蜜、生抽、料
   酒和蒜蓉，調成燒烤醬。

3. 將雞翼在燒烤醬中攪拌一下，使其裹
   料均勻。

4. 用保鮮膜將碗蒙好，放入雪櫃冷藏5小
   時。

5. 將雞翼上的蒜蓉清除乾淨，放在烤架
   上，燒烤8分鐘左右後將雞翼翻面，再
   烤8分鐘左右，取出。

6. 用刷子在雞翼兩面刷上燒烤醬，撒上
   白芝麻，繼續烤2~4分鐘，中間需翻
   面，待雞翼呈金黃色時即可出爐。

奶香蘑菇麵包

材料 長條麵包1根，去皮雞腿肉50克，蘑菇60克，洋葱40克，淡奶油30克。

調料 鮮法香8克，牛油3克，鹽2克。

做法

1. 長條麵包斜切成麵包片，放入烤箱中烤至色澤焦黃，取出，裝盤；去皮雞腿肉洗淨，切丁；蘑菇洗淨，切薄片；洋葱洗淨，切碎；鮮法香洗淨、切碎。

2. 炒鍋倒牛油燒熱，炒香洋葱碎，加雞丁、蘑菇片炒熟，淋入淡奶油和適量清水，熬製濃稠，加鹽調味。將炒好的食材抹在麵包片上即可食用。

粟米蘋果沙律

材料 蘋果、甜粟米粒各100克，檸檬15克。

調料 白胡椒粉、黑胡椒碎各5克，沙律醬適量。

做法

1. 檸檬擠汁，放入水中；蘋果去皮去核，切成四方丁，放入加適量檸檬汁的水中浸泡3~5分鐘，瀝乾水分。

2. 將沙律醬放入容器中，加蘋果丁、甜粟米粒一起攪拌均勻，加白胡椒粉、黑胡椒碎調味即可。

肉釀蘑菇

材料　蘑菇、牛肉末各70克，雞蛋1個。

調料　香蔥碎5克，鹽2克，白胡椒粉1克。

做法

1. 蘑菇洗淨，瀝乾水分，去蒂，將切下的蒂部切碎，蘑菇傘備用；雞蛋洗淨，打散成雞蛋液，放入鹽、白胡椒粉和切碎的蘑菇蒂攪拌均勻。

2. 湯鍋置火上，倒入適量清水燒開，放入蘑菇傘焯燙1~2分鐘，撈出瀝乾水分。

3. 炒鍋置火上，倒油燒熱，放入牛肉末煸熟，淋入雞蛋液炒至蛋液凝固，盛出，製成釀餡。

4. 將做好的餡放入蘑菇傘中，撒上香蔥碎即可。

鮮蠔南瓜羹

材料 南瓜50克，鮮蠔30克。

調料 鹽1克，蔥絲3克。

做法

1. 南瓜洗淨，去皮去瓤，切成細絲；蠔洗淨，取肉。

2. 鍋置火上，加入適量清水，放入南瓜絲、蠔肉、蔥絲，大火燒沸，改小火煮，蓋上蓋熬至成羹，加入鹽調味，即可。

揚州炒飯

材料 米飯80克，蝦仁20克，火腿丁15克，熟青豆8克，雞蛋1個。

調料 蔥花5克，鹽、生粉各2克。

做法

1. 雞蛋分開蛋白和蛋黃，將蛋黃打散。

2. 蝦仁加雞蛋白、鹽、生粉拌勻，放油鍋中滑熟，盛出，控油。

3. 淨鍋倒油燒熱，倒雞蛋黃液拌炒，加蔥花炒香。

4. 放米飯、火腿丁、蝦仁、熟青豆翻炒，加鹽翻炒均勻即可。

羅勒蜆湯

材料 新鮮蜆100克。

調料 鹽、柴魚素、麻油各少許，新鮮
羅勒嫩葉、薑絲各10克。

做法

1. 蜆和羅勒嫩葉分別洗淨。

2. 鍋置火上，倒入清水煮沸，將蜆和薑
   絲放入鍋中。

3. 等到蜆開口後加鹽和柴魚素調味，放
   入新鮮羅勒葉，淋入麻油調味即可。

 功效 蜆含鋅、碘、鈣、磷、鐵等多種礦
物質，寶寶常食對智力、視力發育
有利。

三彩菠菜

材料 菠菜50克，粉絲25克，雞蛋1個。

調料 蒜末3克，鹽2克，麻油1克。

做法

1. 菠菜洗淨，焯燙，撈出後切長段；粉絲泡發，剪長段；雞蛋打散備用。

2. 鍋內放油燒熱，攤雞蛋餅，切絲。

3. 鍋內放油燒熱，炒香蒜末，加菠菜段、粉絲段炒至將熟。

4. 倒入炒熟的雞蛋絲、鹽、麻油，翻炒至熟即可。

板栗小棠菜炒冬菇

材料 水發冬菇50克，板栗肉40克，小棠菜50克。

調料 蔥花、蒜片、生粉各5克，鹽2克，生粉水15克，麻油少許。

做法

1. 水發冬菇洗淨，去蒂，切片；板栗肉切片，放開水中焯燙，撈出，瀝乾；小棠菜洗淨，切段。

2. 鍋內倒油燒熱，下冬菇片滑油至微黃，盛出。

3. 油鍋燒熱，放板栗肉片、小棠菜段、冬菇片、蔥花、蒜片、水後燒開，放鹽調味，用生粉水勾芡，淋上麻油即可。

香煎鱈魚

材料　淨鱈魚肉100克，雞蛋半個，牛奶50毫升，麵粉20克。

調料　鹽2克，胡椒粉、法香末各3克。

做法

1. 鱈魚肉洗淨，控乾；雞蛋打成蛋液，與牛奶攪拌均勻。

2. 將麵粉、胡椒粉、鹽與法香末混合拌勻。

3. 將鱈魚肉先裹滿蛋液，再兩面均勻地裹上麵粉，抖掉多餘的麵粉。

4. 平底鍋置火上，倒油燒至八成熱後改成中火，將鱈魚肉煎約2分鐘，至魚肉成熟即可。

粉絲扇貝南瓜湯

材料 扇貝肉60克，粉絲10克，南瓜30克。

調料 蒜蓉、鹽、蠔油、生粉、料酒各適量。

做法

1. 粉絲泡開；扇貝肉洗淨，裙邊與肉分開，扇貝肉上劃十字，兩邊都加入少許料酒醃製後，用熱水焯燙；南瓜去皮去瓤，洗淨後煮熟，壓蓉，做成湯。

2. 鍋中放油，加熱爆香蒜蓉，先後加入適量蠔油和清水，燒開；將裙邊和扇貝倒入鍋中，燒至入味後撈出，加入粉絲煮開，加鹽調味。

3. 粉絲撈出，放入盤中，加入裙邊，倒入南瓜湯，最後加扇貝即可。

紅蘿蔔炒肉絲

材料 紅蘿蔔80克，豬柳50克。

調料 料酒、豉油各5克，鹽、生粉各2克，蔥末、薑末各3克。

做法

1. 將紅蘿蔔洗淨，去皮，切絲；將豬柳洗淨，切絲，用豉油、生粉抓勻醃漬10分鐘。

2. 鍋內放油，爆香蔥末、薑末，倒入肉絲、紅蘿蔔絲炒熟，加鹽調味即可。

 功效 豬柳可以補充蛋白質、鐵，紅蘿蔔含有豐富的胡蘿蔔素。胡蘿蔔素是脂溶性營養素，能在體內轉化成維他命A。

蒜煎蝦

材料 海蝦300克。

調料 蒜末30克，鹽2克，胡椒粉少許。

做法

1. 海蝦洗淨，剪去蝦須，把蝦背上的蝦殼剪開，再用刀沿蝦背把蝦肉片開，不要切斷，去除蝦線，用刀背把蝦拍扁，再用刀背在蝦肉上輕敲幾刀。

2. 把處理好的蝦加入適量鹽、胡椒粉抓勻，醃漬10分鐘。

3. 蒜末加入少許植物油拌勻，製成蒜蓉。

4. 把蒜蓉放入蝦的背部中間，抹勻，穿上竹簽。

5. 鍋置火上，倒入油燒熱，將蝦放入，用小火慢煎至蝦變紅，裝盤即可。

蝦仁淮山

材料 淮山80克，蝦仁50克，玉蘭片、白果、水發木耳各30克。

調料 葱花、薑絲各2克，料酒5克，鹽2克。

做法

1. 淮山洗淨，去皮切小塊；玉蘭片切丁；蝦仁洗淨；木耳撕成小朵；白果焯水。

2. 鍋置火上，放油燒熱，下葱花、薑絲炒出香味，放玉蘭片丁、白果、木耳和淮山塊，加鹽、醋、料酒炒幾下，放蝦仁炒至熟即可。

鯽魚湯

材料 鯽魚100克。

調料 薑片、橘皮各10克,鹽2克。

做法

1. 將鯽魚去鱗、鰓和內臟,洗淨;將薑片、橘皮一起用紗布包好,填入魚腹內。

2. 鍋內加適量水,放入處理好的鯽魚,小火燉熟,加鹽調味即可。

功效 鯽魚對寶寶脾胃虛弱有改善作用。

松子薯蓉

材料 紅薯80克,松子30克,粟米粒20克,雞蛋黃1個。

調料 蜂蜜、奶油各適量。

做法

1. 紅薯洗淨,放入燒沸的蒸鍋中蒸20分鐘,取出後涼涼,用匙羹刮成蓉,放入雞蛋黃、奶油和粟米粒,攪勻。

2. 鍋置火上,放油燒熱,倒入紅薯蓉,小火翻炒均勻,盛入盤中,淋入蜂蜜,撒上松子即可。

功效 松子富含鋅,兒童每天適量食用可維持正常食慾,增強抵抗力,與紅薯搭配,可促進腸胃蠕動,緩解小兒便秘。

補對

寶寶抵抗力強!
更專注!

20 鈣 Calcium

26 鐵 Iron

30 鋅 Zinc

編著
梁芙蓉

責任編輯
吳春暉

封面設計
陳翠賢

出版者
萬里機構出版有限公司
香港鰂魚涌英皇道1065號東達中心1305室
電話：2564 7511
傳真：2565 5539
電郵：info@wanlibk.com
網址：http://www.wanlibk.com
　　　http://www.facebook.com/wanlibk

發行者
香港聯合書刊物流有限公司
香港新界大埔汀麗路 36 號
中華商務印刷大廈 3 字樓
電話：2150 2100
傳真：2407 3062
電郵：info@suplogistics.com.hk

承印者
中華商務彩色印刷有限公司
香港新界大埔汀麗路 36 號

出版日期
二零一九年七月第一次印刷

本中文繁體字版本經原出版者中國輕工業出版社授權
出版並在香港、澳門地區發行。

版權負責人林淑玲 lynn1971@126.com